助力乡村振兴出版计划

【现代种植业实用技术系列】

茄果类蔬菜
优质高效栽培技术

主　　编　江海坤

副主编　方　凌　张其安　王　艳　贾　利

编写人员　（按姓氏笔画顺序排列）

王明霞　严从生　宋婷婷　俞飞飞

洪秀景　胡晓辉　董言香　葛治欢

U0396030

时代出版传媒股份有限公司
安徽科学技术出版社

图书在版编目(CIP)数据

茄果类蔬菜优质高效栽培技术 / 江海坤主编. --合肥:安徽科学技术出版社,2024.1

助力乡村振兴出版计划.现代种植业实用技术系列

ISBN 978-7-5337-8841-4

Ⅰ.①茄…　Ⅱ.①江…　Ⅲ.①茄果类-蔬菜园艺　Ⅳ.①S641

中国国家版本馆 CIP 数据核字(2023)第 215300 号

茄果类蔬菜优质高效栽培技术　　　　　　　　　　主编　江海坤

出 版 人:王筱文　选题策划:丁凌云　蒋贤骏　王筱文　责任编辑:王　霄

责任校对:张晓辉　责任印制:梁东兵　　　　　　　　装帧设计:王　艳

出版发行:安徽科学技术出版社　　　http://www.ahstp.net

(合肥市政务文化新区翡翠路 1118 号出版传媒广场,邮编:230071)

电话:(0551)63533330

印　　制:安徽联众印刷有限公司　　电话:(0551)65661327

(如发现印装质量问题,影响阅读,请与印刷厂商联系调换)

开本:720×1010　1/16　　　印张:8.5　　　字数:120 千

版次:2024 年 1 月第 1 版　　　印次:2024 年 1 月第 1 次印刷

ISBN 978-7-5337-8841-4　　　　　　　　　　定价:39.00 元

出 版 说 明

　　"助力乡村振兴出版计划"(以下简称"本计划")以习近平新时代中国特色社会主义思想为指导,是在全国脱贫攻坚目标任务完成并向全面推进乡村振兴转进的重要历史时刻,由中共安徽省委宣传部主持实施的一项重点出版项目。

　　本计划以服务乡村振兴事业为出版定位,围绕乡村产业振兴、人才振兴、文化振兴、生态振兴和组织振兴展开,由《现代种植业实用技术》《现代养殖业实用技术》《新型农民职业技能提升》《现代农业科技与管理》《现代乡村社会治理》五个子系列组成,主要内容涵盖特色养殖业和疾病防控技术、特色种植业及病虫害绿色防控技术、集体经济发展、休闲农业和乡村旅游融合发展、新型农业经营主体培育、农村环境生态化治理、农村基层党建等。选题组织力求满足乡村振兴实务需求,编写内容努力做到通俗易懂。

　　本计划的呈现形式是以图书为主的融媒体出版物。图书的主要读者对象是新型农民、县乡村基层干部、"三农"工作者。为扩大传播面、提高传播效率,与图书出版同步,配套制作了部分精品音视频,在每册图书封底放置二维码,供扫码使用,以适应广大农民朋友的移动阅读需求。

　　本计划的编写和出版,代表了当前农业科研成果转化和普及的新进展,凝聚了乡村社会治理研究者和实务者的集体智慧,在此谨向有关单位和个人致以衷心的感谢!

　　虽然我们始终秉持高水平策划、高质量编写的精品出版理念,但因水平所限仍会有诸多不足和错漏之处,敬请广大读者提出宝贵意见和建议,以便修订再版时改正。

茄果类蔬菜主要包括番茄、辣椒和茄子,是我国重要的高效蔬菜作物,在促进农民快速增收和满足人民日益增长的生活需求方面发挥着巨大作用。安徽茄果类蔬菜种植面积及消费量位居全国前列。随着中国城乡经济的发展和居民生活水平的提高,茄果类蔬菜在种植业中的地位越来越重要,并将继续为乡村振兴和农业的可持续发展做出贡献。

根据近年来茄果类蔬菜规模化发展需求,针对产业规模不断扩大、生产管理技术缺乏、管理粗放、劳动用工成本高等问题,茄果类蔬菜产业相关专家组成了《茄果类蔬菜优质高效栽培技术》编写小组,对茄果蔬菜产业技术发展现状和形势进行了分析,在总结近年来优良品种选育、轻简高效技术研究成果和生产经验的基础上,系统地介绍了茄果类蔬菜新品种、绿色轻简高效栽培、高效经济栽培模式、机械化信息化管控、病虫草害绿色防治等新技术,以期为茄果类蔬菜产业健康良性发展提供技术支撑。

目　录

第一章 ▶ 茄果类蔬菜新品种

▶ 第一节　番茄优良新品种

按照果实大小分类,番茄可分为大果型番茄和小果型番茄。生产中,大果型番茄主要栽培类型按照皮色分为粉果番茄、红果番茄、黄果番茄,其中黄果番茄占比较少;小果型番茄常被称为"樱桃番茄"。近年来,我国番茄育种家培育出了很多优质的番茄品种,国产优质多抗番茄在安徽省及全国番茄产区栽培占比逐年增加。

一 粉果品种

1. 中杂315

选育单位:中国农科院蔬菜花卉研究所。

特征特性:无限生长型,早熟,生长势强,始花节位7节或8节,果实扁圆形,深粉色,单果重180克左右,可溶性固形物含量在6.0%以

图1-1　中杂315

上,亩(1亩≈666.67米²)产4 500千克左右,抗性较强;口感酸甜,果实商品性好。该品种适宜越冬或早春保护地栽培。(图1-1)

2. 皖杂18号

选育单位:安徽省农业科学院园艺研究所。

登记编号:GPD番茄(2019)340376。

特征特性:无限生长型,早熟,始花节位6节或7节;果实深粉红色,高圆形,果皮光泽度高,无绿肩;可溶性固形物含量为6.5%~8.4%;单果重200克左右,亩产4 500千克左右;耐低温弱光,高抗番茄黄化曲叶病毒病,抗叶霉病、晚疫病等。该品种适宜在皖北、豫南等地春秋保护地栽培。(图1-2)

图1-2　皖杂18号

3. 皖杂15号

选育单位:安徽省农业科学院园艺研究所。

审定编号:皖品鉴登字第0703008。

特征特性:无限生长型,植株长势强,早熟,始花节位6节或7节,果实粉红色,高圆形,果面光滑,无绿肩,单果重200克以上,可溶性固形物含量为5.6%,口感好,果肉较硬,耐贮运,高抗叶霉病和番茄花叶病毒病。亩产7 500~10 000千克。该品种适宜日光温室、大棚或露地栽

培。(图1-3)

图1-3 皖杂15号

4. 皖杂20号

选育单位:安徽省农业科学院园艺研究所。

审定编号:皖品鉴登字第1403013。

特征特性:无限生长型,植株生长势强,早熟,始花节位6节或7节,果实粉红色,扁圆形,果皮光泽度高,无绿肩,单果重250克左右,可溶性固形物含量为5.1%,抗逆性强;亩产7 000~8 000千克。该品种适宜春季及秋延后大小拱棚等保护地栽培。(图1-4)

图1-4 皖杂20号

5.皖粉5号

选育单位:安徽省农业科学院园艺研究所。

登记编号:GPD番茄(2018)340071。

特征特性:无限生长型,早熟,始花节位6节或7节;幼果无绿肩,成熟果粉红色,高圆形,单果重250克左右,可溶性固形物含量为5.0%;耐裂,畸形果少,果皮光滑有光泽,商品性好;亩产9000千克左右;抗早衰,耐低温弱光、高湿,连续坐果能力强;高抗烟草花叶病毒病、中抗黄瓜花叶病毒病,抗灰霉病、叶霉病、晚疫病和早疫病。该品种适宜在安徽及相同生态区春秋保护地种植。(图1-5)

图1-5 皖粉5号

6.东农727

选育单位:东北农业大学。

登记编号:GPD番茄(2018)230457。

特征特性:无限生长型,生长势强,中熟,始花节位7节或8节,节间短,成熟期集中,整齐度高;果实粉红色,圆形,萼片美观,果肉厚,单果重230~260克,可溶性固形物含量为5.0%,口感酸甜;亩产10000千克左

右,高抗叶霉病、烟草花叶病毒病、枯萎病,耐低温。(图1-6)

图1-6 东农727

7.东农高糖102

选育单位:东北农业大学。

特征特性:大果番茄,生长势强,始花节位8节或9节,单歧花序,果实扁圆形,深粉色,单果重140克左右,可溶性固形物含量为7.5%～11%,口感酸甜,果实商品性较好,亩产4 032千克,抗病性较强。(图1-7)

图1-7 东农高糖102

8.浙粉712号

选育单位:浙江省农业科学院。

登记编号:GPD番茄(2018)330404。

特征特性:无限生长型,生长势强,早熟,始花节位7节或8节;成熟果粉红色,扁圆形,果实圆整饱满,果面光滑,色泽鲜明,单果重230克左右,可溶性固形物含量为5.3%;果实硬度好,耐贮运;连续坐果能力强,亩产7 000千克左右,商品性好;抗逆性好,综合抗病性强,抗番茄黄化曲叶病毒病、灰叶斑病、番茄花叶病毒病和枯萎病。该品种适宜在浙江、安徽、江苏、山东、河北等地越冬、早春和秋延后保护地栽培。(图1-8)

图1-8　浙粉712号

二　红果品种

1.皖红7号

选育单位:安徽省农业科学院园艺研究所。

登记编号:GPD番茄(2019)340377。

特征特性:无限生长型,中早熟,始花节位7节或8节。果实红色,扁圆形,果面光滑,果肩平或微凸,果实大小均匀整齐,畸形果少;商品性好,可溶性固形物含量在4.9%以上;单果重200~220克,亩产8 000千克

以上,耐低温弱光,抗烟草花叶病毒病、叶霉病。该品种适宜在长江中下游地区春秋保护地栽培。(图1-9)

图1-9　皖红7号

2. 皖红16号

选育单位:安徽省农业科学院园艺研究所。

品种权号:CNA20141467.4。

特征特性:无限生长型,早熟,始花节位6节或7节。果实红色,扁圆形,果面光滑,光泽度高,无绿肩;果实硬度大,商品性好,可溶性固形物含量为5%;单果重200克左右,丰产性、稳产性好,亩产9 000千克左右;耐热耐湿,抗番茄黄化曲叶病毒病、叶霉病。该品种适宜在长江中下游地区保护地栽培。(图1-10)

图1-10　皖红16号

三 樱桃番茄品种

1. 红珍珠

选育单位：安徽省农业科学院园艺研究所。

鉴定编号：国品鉴菜2016053。

登记编号：GPD番茄(2019)340063。

特征特性：无限生长型，生长势强，中早熟，始花节位6节或7节；果实红色，圆形，色泽鲜明，无绿肩，着色一致，果实整齐度高，适宜成串采收；可溶性固形物含量为10%，风味浓郁。平均单果重20.6克，亩产3 850千克，丰产性、稳产性好；抗病毒病和叶霉病，耐贮运。该品种适宜在江淮流域保护地栽培。(图1-11)

图1-11　红珍珠

2. 瓯秀红樱3号

选育单位：温州市农业科学院。

特征特性：无限生长型，生长势强，始花节位6节，单歧或多歧花序，果实红色，椭圆形，单果重27克左右，可溶性固形物含量在9%左右，口感

酸甜,肉软汁多;高产性突出,亩产7 000千克左右,综合抗性较强。(图1-12)

图1-12　瓯秀红樱3号

3.浙樱粉1号

选育单位:浙江省农业科学院蔬菜研究所。

品种权号:CNA20162505.4。

登记编号:GPD番茄(2019)330127。

特征特性:无限生长型,生长势强;早熟,始花节位7节,单性结实,结果性好,连续结果能力强;幼果淡绿色、有绿果肩,成熟果粉红色、圆形、着色一致、有光泽,商品性好,可溶性固形物含量在9%以上,风味品质佳,单果重18克左右;综合抗病性、抗逆性好,高温条件下坐果率高,抗番茄花叶病毒病、灰叶斑病和枯萎病。该品种适宜设施栽培。(图1-13)

图 1-13　浙樱粉 1 号

4. 瓯秀粉樱

选育单位:温州市农业科学院。

特征特性:粉果樱桃番茄,生长势较强,始花节位 7 节,多歧花序,果穗整齐匀称;果实椭圆形,单果重 20 克左右,可溶性固形物含量在 9%左右,商品性好;亩产 5 500 千克左右,综合抗性较强。该品种适宜设施栽培。(图 1-14)

图 1-14　瓯秀粉樱

5.K50

选育单位：上海市农业科学院。

特征特性：粉果樱桃番茄，生长势强，始花节位 7 节，叶片稀，株型较好，多歧花序，果实粉红色、椭圆形，单果重 20 克左右，可溶性固形物含量在 9% 左右，口感较甜，平均亩产 6 000 千克，综合抗性较强。该品种适宜设施栽培。（图 1-15）

图 1-15　K50

选择品种时应综合考虑立地环境、市场消费习惯、品种来源渠道等因素，选择适宜当地栽培条件的、迎合市场需求的、正规育种单位选育的优质品种，并通过正规市场渠道购买种子。

江淮流域具有早春低温弱光高湿，夏季高温高湿强光照的生态特点，选择品种时应注意该品种对上述环境的耐受性，选择耐低温与弱光、耐湿、耐高温等不良气候条件下易坐果的品种。根据当地常见病害情况选择具有针对性的抗病性品种。栽培条件不同对品种的要求也不同，保护地栽培常需选择叶片相对稀疏、膨果转色快的早熟品种，以确保好的产量和适宜的上市期；露地栽培则应选择生长势强、叶片相对大而密、耐

裂的品种。选择品种时注意品种的商品性,市场对番茄的商品性要求严格,特别是红果番茄,果型、色泽、萼片大小等均是其商品性的参考标准。

▶ 第二节　辣椒优良新品种

一　薄皮辣椒

1. 皖椒 4 号

选育单位:安徽省农业科学院园艺研究所。

特征特性:薄皮灯笼椒,极早熟,早期产量集中,辣味中等,果实长灯笼形,果长 15 厘米,平均单果重 60 克。品质好,商品性佳。抗病、耐热、耐湿。该品种适宜春秋大棚栽培。(图 1-16)

图 1-16　皖椒 4 号

2. 皖椒10号

选育单位:安徽省农业科学院园艺研究所。

特征特性:薄皮灯笼椒,早熟,辣度中等,果实长灯笼形,青熟果绿色,老熟果红色,果面微皱有光泽,果长13.7厘米,果宽4.6厘米,肉厚0.25厘米,平均单果重64克。抗病、耐热、耐湿。该品种适宜春秋保护地及露地栽培。(图1-17)

图1-17　皖椒10号

3. 皖椒177

选育单位:安徽省农业科学院园艺研究所。

特征特性:高品质小皱皮灯笼椒,中早熟,果实长灯笼形,果面有皱褶,果长12厘米,单果重30克左右,青熟果绿色,老熟果红色;香辣型口感,果皮薄肉脆,品质极佳。连续坐果能力强,抗病毒病,耐热、抗低温能力较强。(图1-18)

图1-18　皖椒177

4.皖椒178

选育单位:安徽省农业科学院园艺研究所。

特征特性:高品质小皱皮椒,中早熟;果实长灯笼形,果面有皱褶,皮薄肉脆,品质极佳。青熟果深绿色,老熟果红色,果长15厘米,单果重30克左右。连续坐果能力强,抗病毒病,耐热、抗低温能力较强。(图1-19)

图1-19 皖椒178

二 线椒

1.皖椒18

选育单位:安徽省农业科学院园艺研究所。

特征特性:高产线椒。生长势较强,株型直立紧凑,果实长羊角形,青熟果浓绿色,老熟果红色,果面微皱有光泽,果长17.1厘米,果宽1.7厘米,肉厚0.23厘米,味辣,平均单果重17.9克。该品种适宜春季或秋延后栽培。(图1-20)

图1-20 皖椒18

2. 皖椒 19

选育单位：安徽省农业科学院园艺研究所。

特征特性：早熟线椒。生长势强，果实长羊角形，果面光滑，青椒颜色鲜绿，干椒暗红、光亮，辣椒红素含量高。果实辣味重，香味浓郁。坐果集中，持续坐果能力强，丰产稳产，抗病毒病、疫病、炭疽病。该品种适宜春秋保护地和露地栽培（图 1-21）。

图 1-21　皖椒 19

3. 博辣青香 4 号

选育单位：湖南省蔬菜研究所。

特征特性：中早熟粗长线椒。果长 35 厘米左右，果宽 1.8 厘米左右，单果重 36 克左右，绿色，果面微皱，亮度高，果实顺直，商品性好；香辣味浓，鲜食口感佳；植株生长势旺，抗病性好，耐高温能力强，连续挂果性好。该品种适宜露地或设施大棚栽培。（图 1-22）

图 1-22　博辣青香 4 号

4. 博辣皱线3号

选育单位：国家辣椒新品种技术研究推广中心、湖南省蔬菜研究所。

特征特性：中早熟，果实长羊角形，果表鲜亮有皱、略旋，翠绿色，果实顺直，果长32厘米左右，果宽1.8厘米左右，单果重28克左右，坐果性好，果实口感好。（图1-23）

图1-23　博辣皱线3号

三 朝天椒

1. 皖椒501

选育单位：安徽省农业科学院园艺研究所。

特征特性：簇生，果长8.7厘米，果宽1.8厘米，肉厚0.15厘米，单果重6.3克。生长势强，中早熟，果实小羊角形，青果期绿色，老熟果深红色，抗病性强。（图1-24）

图1-24　皖椒501

2.博辣天玉3号

选育单位:国家辣椒新品种技术研究推广中心、湖南省蔬菜研究所。

特征特性:中熟单生鲜食朝天椒。生长势较强,株高91.3厘米左右,果长9.8厘米左右,果宽1.2厘米左右。果实硬度高,青果绿色偏深,成熟果橘红色转红色。该品种适宜鲜食和剁制加工。(图1-25)

图1-25　博辣天玉3号

3.博辣天骄4号

选育单位:国家辣椒新品种技术研究推广中心、湖南省蔬菜研究所。

特征特性:中熟簇生大果朝天椒。始花节位15节左右,株高约70厘米,果长9厘米左右,果宽1.3厘米左右。红果鲜艳,光滑美观。辣度2万SHU左右,椒香浓郁,易制干椒,干椒透明。(图1-26)

图1-26　博辣天骄4号

（四）牛角椒

1.皖椒101

选育单位:安徽省农业科学院园艺研究所。

特征特性:薄皮大果螺丝椒,中早熟,植株直立,株型紧凑,始花节位9节。果长19.2厘米,果宽4.2厘米,肉厚0.24厘米;青熟果深绿色,老熟果深红色,单果重80克左右。辣度中等,肉质脆,风味口感好。抗病、耐热、耐湿。该品种适宜春秋大小棚及露地栽培。（图1-27）

图1-27　皖椒101

2.皖椒103

选育单位:安徽省农业科学院园艺研究所。

特征特性:大果螺丝椒,生长势强,中早熟,果实粗螺丝形,果长27.7厘米,果宽5.25厘米,青果绿色,老熟果深红色,青果肉厚0.32厘米,单果重115克。皮薄肉脆,品质好。该品种适宜春秋保护地栽培。（图1-28）

图1-28　皖椒103

3.皖椒216

选育单位:安徽省农业科学院园艺研究所。

特征特性:大果牛角椒,无限生长型,生长势强,青果绿色,老熟果深红色,肉厚0.3厘米,商品性好,单果重135克。肉质细嫩,品质好。该品种适宜保护地长季节栽培。(图1-29)

图1-29　皖椒216

4.皖椒228

选育单位:安徽省农业科学院园艺研究所。

特征特性:大果牛角椒,无限生长型,生长势强,青果绿色,老熟果深红色,果面微皱,肉厚0.3厘米,商品性好,单果重130克左右。肉质细嫩,品质好。该品种适宜保护地长季节栽培。(图1-30)

图1-30　皖椒228

5.皖椒171

选育单位:安徽省农业科学院园艺研究所。

特征特性:无限生长型,始花节位8节,果实牛角形,肉质脆嫩,粗纤维含量低,耐低温弱光,连续坐果能力强,田间综合抗性强,长季节栽培亩产量9 290千克。(图1-31)

图1-31　皖椒171

6.皖椒161

选育单位:安徽省农业科学院园艺研究所。

特征特性:生长势较强,早熟;果实黄绿色,果面平滑,有光泽,平均单果重158.6克,平均单株坐果数35个,早期产量高,连续坐果能力强,平均亩产达9 360千克。(图1-32)

图1-32　皖椒161

7.兴蔬皱辣2号

选育单位:国家辣椒新品种技术研究推广中心、湖南省蔬菜研究所。

特征特性:中早熟牛角椒,露地种植株高60厘米左右,开展度65厘米左右。果长25厘米左右,果宽3.0厘米左右,肉厚0.3厘米左右,味辣,商品成熟果绿色,生理成熟果红色。坐果能力强,抗病抗逆能力强。该品种适宜露地和在保护地种植。(图1-33)

图1-33　兴蔬皱辣2号

8.中椒109号

选育单位:中国农业科学院蔬菜花卉研究所。

特征特性:早熟辣椒一代杂种,始花至果实青熟期约30天。果实羊角形,果面有皱褶,螺丝状,典型果长20～25厘米,果宽3.5厘米左右,肉厚0.25厘米,单果重40～50克,果绿色,味辣,商品性好,中抗疫病。该品种适宜露地和在保护地栽培。(图1-34)

图1-34　中椒109号

五 甜椒

1. 中椒5号

选育单位:中国农业科学院蔬菜花卉研究所。

特征特性:果实灯笼形、绿色,果面光滑,果长10.7厘米,果宽6.9厘米,肉厚0.4厘米,单果重80~120克。中早熟一代杂交种,北方地区春季露地种植,定植30~35天采收,植株生长势强,连续结果能力强,苗期接种鉴定,抗烟草花叶病毒病、黄瓜花叶病毒病,味甜,宜鲜食,果实经济性状优良,丰产性好,抗逆性强,适应性广。该品种适宜在北方地区保护地或露地中早熟栽培及广东、广西、海南越冬反季节栽培。(图1-35)

图1-35　中椒5号

2. 中椒105号

选育单位:中国农业科学院蔬菜花卉研究所。

特征特性:中早熟甜椒一代杂交种。植株生长势强,连续结果性好,始花节位9节或10节,定植35天开始采收。果实灯笼形,3个或4个心室,纵径10厘米,横径7厘米左右,单果重100~120克。果色浅绿,果面光滑,果肉脆甜,品质优良。抗逆性强,兼具较强的耐热性和耐寒性,抗烟草花叶病毒病,中抗黄瓜花叶病毒病。丰产、稳产,每公顷产量60~70吨。(图1-36)

图1-36　中椒105号

3.中椒107号

选育单位:中国农业科学院蔬菜花卉研究所。

特征特性:杂交一代甜椒。早熟,定植约30天开始采收。植株生长势中等,株型较紧凑,果实灯笼形,3个或4个心室,单果重150~200克。果色绿,果实品质优良,果肉脆甜,肉厚0.5厘米左右。抗烟草花叶病毒病,中抗黄瓜花叶病毒病。连续结果性强,果实商品性较好。亩产4 000~5 000千克。(图1-37)

图1-37　中椒107号

4.中椒1615号

选育单位:中国农业科学院蔬菜花卉研究所。

特征特性:中熟大果型甜椒一代杂种。定植约35天可以采收,果实方灯笼形,果面光滑,果皮绿色,果肉厚约0.6厘米,3个或4个心室,典型单果重150~200克,耐贮运。抗烟草花叶病毒病,中抗黄瓜花叶病毒病,耐疫病,丰产性好。该品种适宜保护地或露地栽培。(图1-38)

图1-38 中椒1615号

5.中椒08-08号

选育单位:中国农业科学院蔬菜花卉研究所。

特征特性:杂交一代甜椒。中晚熟,定植约70天始收。植株生长势强,株型较直立,株高52.0厘米左右。始花节位8节或9节,果实方灯笼形,青熟果实绿色,老熟果黄色,平均果长9.0厘米,平均果宽7.0厘米,平均单果重135克。肉厚0.6~0.8厘米,3个或4个心室。该品种以鲜食为主。(图1-39)

6.中椒黄钻3号

图1-39 中椒08-08号

选育单位:中国农业科学院蔬菜花卉研究所。

特征特性:彩椒。中晚熟,果实方灯笼形,肉厚约0.7厘米,果长约10厘米,果宽约10厘米。果实由绿色变为亮黄色,硬度高,货架期长。单果重约200克。抗烟草花叶病毒病。该品种适宜保护地栽培。(图1-40)

图1-40　中椒黄钻3号

六 彩色辣椒

1.紫燕1号

选育单位:安徽省农业科学院园艺研究所。

特征特性:鲜食杂交。生育期145天左右。植株生长势强,株高94.05厘米左右,株幅86.35厘米。果实耙齿形,果长15.98厘米,果宽4.49厘米,肉厚0.25~0.28厘米;果皮较薄;果形较直,整齐度高;幼果绿色,商品成熟果紫色,生物学成熟果深红色;平均单果重60克。果实中等辣味,肉质脆,风味、口感好。该品种适宜在安徽、江苏、河北等省早春和秋延后栽培。(图1-41)

图1-41　紫燕1号

2. 紫晶1号

选育单位：安徽省农业科学院园艺研究所。

特征特性：杂交种。鲜食，生育期150~180天，始收期90~120天。植株生长势强，株高80厘米左右，植株开展度70厘米左右。果实灯笼形，果长10.9厘米，果宽4.7厘米，肉厚0.20~0.23厘米；果面凹陷皱缩，有光泽；幼果绿色，商品成熟果紫色，生物学成熟果深红色；单果重50~60克。该品种适宜在安徽春季和秋季栽培。（图1-42）

图1-42　紫晶1号

3. 金帅

选育单位：安徽省农业科学院园艺研究所。

特征特性：鲜食杂交种，生长势旺，早熟，株型紧凑。果型直，果长30~38厘米，果宽2.4~2.6厘米，单果重60~70克，有光泽，外观漂亮，商品性好，皮薄，肉质糯，口感好。该品种适宜早春保护地栽培。（图1-43）

图1-43　金帅

第三节　茄子优良新品种

茄子按照熟性可分为早熟品种、中熟品种和晚熟品种,按照颜色可分为紫茄、红茄、白茄和绿茄,按照形状可分为圆茄、长茄、卵茄、线茄等。根据安徽各地的环境特点和目标市场,选择优质、抗病、高产的品种种植,长线茄可选"皖茄6号""浙茄10号",长棒茄可选"皖茄7号""长杂8号""长杂212""苏茄6号",圆茄可选"圆杂471""圆杂16""农大604",白茄可选"白茄2号""白茄3号",绿茄可选"皖茄8号"。

1.皖茄6号

选育单位:安徽省农业科学院园艺研究所。

特征特性:一代杂交种。生长势旺,早熟,株型紧凑。果实长条形,果面光滑、有光泽,商品果长30~38厘米、宽2.4~2.6厘米,单果重60~70克。(图1-44)

图1-44　皖茄6号

2.浙茄10号

选育单位:浙江省农业科学院。

特征特性:一代杂交种。果实长条形,果皮紫红色,果面光滑油亮,商品果长30厘米左右、宽约2.5厘米,单果重100克左右,肉质软糯,商品性好。平均亩产4 000千克,综合抗性强。(图1-45)

图1-45 浙茄10号

3.皖茄7号

选育单位:安徽省农业科学院园艺研究所。

特征特性:一代杂交种。生长势旺,早中熟。门茄节位9节或10节。果实长棒形,果皮黑紫色、有光泽,果长25～30厘米,果宽4～4.5厘米,单果重130克左右。(图1-46)

图1-46 皖茄7号

4.长杂8号

选育单位:中国农业科学院蔬菜花卉研究所。

特征特性:中早熟一代杂交种。株型直立,生长势强,单株结果数多。果实长棒形,果长26～35厘米,果宽4～5厘米,单果重170～210克。果皮黑亮,肉质细嫩。果实耐老,耐贮运。抗枯萎病。(图1-47)

图1-47　长杂8号

5.长杂212

选育单位:中国农业科学院蔬菜花卉研究所

特征特性:中熟一代杂交种。株型直立,生长势强,单株结果数多。果实长棒形,果长18～22厘米,果宽5.5～6.5厘米,单果重120～140克。果皮紫黑色、有光泽,萼片绿色。果实耐老,耐贮运。(图1-48)

图1-48　长杂212

6. 苏茄6号

选育单位：江苏省农业科学院蔬菜研究所。

特征特性：早熟一代杂交种。生长势强，连续坐果能力强。果皮紫黑色，着色均匀，光泽度高，果肉紧实。果长35～40厘米、果宽4～5厘米，长棒形，萼刺少，顺直，平均单果重200克。抗逆性强，耐贮运。（图1-49）

图1-49　苏茄6号

7. 圆杂471

选育单位：中国农业科学院蔬菜花卉研究所。

特征特性：中早熟一代杂交种。植株生长势强，连续结果性好。果实圆形，果长9～11厘米，果宽10～13厘米，单果重400～700克。果皮紫黑色，有光泽。果肉浅绿白色，肉质细腻，味甜，商品性好。耐低温、较耐弱光。（图1-50）

图1-50　圆杂471

8.圆杂16

选育单位:中国农业科学院蔬菜花卉研究所。

特征特性:中早熟一代杂交种。生长势强,连续结果性好。门茄在第7片或第8片叶处着生。果实扁圆形,果长9~10厘米,果宽11~13厘米,单果重450~700克。果皮紫黑色,有光泽。耐低温、弱光,肉质细腻,商品性好。(图1-51)

图1-51　圆杂16

9.农大604

选育单位:河北农业大学园艺学院。

特征特性:晚熟一代杂交种。始花节位9节或10节;茎秆粗壮,株型较紧凑,生长势强,连续坐果能力强,单果重900克左右;果实圆形,深紫黑色,着色均匀,亮泽,果肉紧实、细嫩、籽少。耐寒,综合抗病性强。(图1-52)

图1-52　农大604

10.白茄2号

选育单位:安徽省农业科学院园艺研究所。

特征特性:早熟一代杂交种。生长势旺。果实长棒形,果皮白色、光滑、有光泽,果肉白色,商品果长20厘米左右、宽5~6厘米,单果重180克左右。耐热,耐湿。(图1-53)

图1-53　白茄2号

11.白茄3号

选育单位:安徽省农业科学院园艺研究所。

特征特性:早熟一代杂交种。生长势旺。始花节位7节或8节,果实长棒形,果皮白色、光滑、有光泽,果肉白色,商品果长25厘米左右、宽4~5厘米,单果重180克左右。耐热,耐湿,耐低温、弱光。(图1-54)

图1-54　白茄3号

12.皖茄8号

选育单位:安徽省农业科学院园艺研究所。

特征特性:早熟一代杂交种。生长势强。果实长棒形,果皮绿色、绿萼,果肉白色,果长35厘米、宽3.5~4厘米,单果重190克。(图1-55)

图1-55　皖茄8号

第二章 番茄高效栽培技术规程

● 第一节　春季番茄栽培技术

一　品种选择

选择耐低温、弱光，耐湿，抗病性强，膨果转色快的早熟品种。

二　茬口安排

日光温室、连栋大棚等设施大棚春早熟栽培一般11—12月播种，翌年1—2月定植。

设施中小棚春早熟栽培一般1—2月播种，3月初至3月下旬定植，5月中下旬开始采收。

露地春季栽培一般2—3月播种，清明节后定植。

三　播种育苗

1.种子处理

温汤浸种：先用冷水浸种3～4小时，然后用55℃温水浸种0.5小时，浸后立即用冷水降温，晾干后备用。

药剂消毒：用40%磷酸三钠10倍液浸种20分钟（防病毒病）；用福尔马林300倍液浸种15分钟（防枯萎病、黄萎病等）；用50%多菌灵可湿性粉剂500倍液浸种2小时(防早疫病、晚疫病等)。

药剂处理注意事项:药液用量以浸没种子5～10厘米为宜,一般为种子量的2倍以上。浸过种的药液可以多次使用,但要不断补充减少的药液;浸种用的药剂必须是溶液或乳浊液,不能使用悬浮液;浓度和浸种时间要严格把控,浸后用清水洗净种子,以免产生药害。

催芽:将处理好的种子放在25～30℃温度条件下催芽1～2天,有60%的种子露白即可播种。

2.育苗方式

目前普遍采用穴盘基质育苗方式。

一般采用50孔或72孔育苗穴盘,也可根据实际生产需要选择其他规格的穴盘;常用基质一般由草炭、蛭石、珍珠岩等组成,建议采用蔬菜育苗专用商品基质。

3.播种育苗方法

将商品基质装入穴盘,浇水打孔后播种,每穴1粒,播后覆盖0.5厘米厚的基质或盖籽土,其上覆盖薄膜和保温被,当出苗率达80%时及时去掉平铺的薄膜,架设小拱棚,小拱棚上覆盖薄膜和保温被进行出苗后保温。

低温时可采用铺设电热线、多层覆盖、安装热风带等措施提高育苗环境温度,并进行分段变温管理;遇连续弱光天气可利用人工补光等措施。

4.壮苗标准

苗龄60～70天,7～9片真叶,带花蕾,子叶完整,叶肥厚、浓绿,根系发达,无病虫害。

(四) 整地施肥

利用休耕期灌水覆膜闭棚进行高温闷棚,或进行水旱轮作。

每亩施用经无害化处理的农家肥 3 000 ~ 3 500 千克或商品有机肥 300 ~ 400 千克、硫酸钾型复合肥(18-7-20)25 ~ 30 千克、过磷酸钙 50 千克,均匀撒施。深翻土地,耙碎整平,做成宽 70 ~ 80 厘米、高 10 ~ 15 厘米的栽培畦,沟宽 50 厘米,铺设滴灌带,覆盖地膜。

五 定植

每畦栽两行,株距 35 ~ 40 厘米,每亩定植 2 500 ~ 2 600 株。定植后浇透水,缓苗后用土封严定植穴。

六 整枝打杈

1. 支架、绑蔓

株高 30 ~ 40 厘米时,设立支架或吊蔓绳,并及时引蔓、绑蔓。

2. 整枝

采用单秆整枝方式,只留主秆,及时摘除所有侧枝,长季节栽培的及时落蔓。

3. 摘心、摘叶

主秆顶部的目标果穗开花时,在最后一穗花后留 2 片叶摘心。及时摘除植株下部的老黄叶和病叶。

整枝打杈尽量避开阴雨天进行。

七 水肥管理

采用水肥一体化技术,结合浇水进行追肥。定植后 3 ~ 5 天,浇 1 次水;第一穗果膨大后,每隔 10 ~ 15 天追肥 1 次,每亩每次追施水溶肥[16-6-30+TE(微量元素)]5 ~ 10 千克。

八 病虫害防治

主要病害有猝倒病、立枯病、早疫病、晚疫病、灰霉病、叶霉病、青枯病、枯萎病、病毒病等；主要虫害有蚜虫、蓟马、潜叶蝇、茶黄螨、白粉虱、烟粉虱、棉铃虫等。

预防为主，综合防治，优先采用农业防治、物理防治、生物防治技术，科学选用化学防治技术。具体防治方法参见第七章第一节、第二节。

九 采收

根据销售距离，以及采后处理、运输条件等选择适宜的成熟果进行采收。

番茄采收时应避免气温较高的中午，宜选择早晨或傍晚温度偏低时进行，但要尽量避开连续阴雨天气及有露水的清晨；采收时需用剪刀自果柄处剪下果实，果实上所带果柄不能太长，以防刺破果实，一般所留果柄不能超过1厘米。

▶ 第二节 越夏番茄避雨栽培技术

越夏避雨栽培可有效缓解越夏番茄生产过程中病害重、产量低、商品性差等问题，越夏避雨设施可实现降温避雨的功能。

一 设施要求

越夏避雨栽培对设施要求不严格，具有良好通风条件、能实现遮阳功能的设施均可进行越夏避雨栽培；利用已有设施进行越夏栽培的，春季生产结束后除去设施裙膜即可使用；新建设施骨架可就地取材，如山

区简易避雨设施可采用细竹竿、毛竹片或水泥预制拱架作为拱架。种植户可根据具体地块条件、经济条件、习惯和经验决定规格尺寸、建棚的材料与方法。棚架上覆膜,不需设裙膜,顶膜上根据作物生长需求适时盖遮阳网,有条件的可设置防虫网。设施四周配套排水沟。供水系统应设地下管道,每个棚室设置1个进水口,内部埋设滴灌系统。

二 品种选择

选择抗病毒病等病害、耐热、耐贮运、不易裂果的优质高产品种。

三 茬口安排

每年5—6月播种,7月定植,8—9月采收。

四 播种育苗

种子处理参照本章第一节"春季番茄栽培技术"中的种子处理方法,注意越夏避雨栽培模式下播种前无须催芽。

播种一般采用50孔或72孔育苗穴盘,采用蔬菜育苗专用商品基质。将商品基质装入穴盘,浇水打孔后播种,每穴1粒,播后覆盖0.5厘米厚的基质或盖籽土,其上覆盖打湿的遮阳网,以遮阳保湿。

苗期管理注意观察出苗情况,及时去掉平铺的遮阳网,架设小拱棚,根据温度情况及时揭盖遮阳网。子叶期应控制地面见干见湿,以保墒为主。真叶展开后适当控水以防徒长。结合浇水,喷洒75%百菌清800倍液或70%甲基托布津800倍液。秧苗长出3片或4片真叶时,用0.2%磷酸二氢钾与0.3%尿素混合液进行叶面喷肥。

定植前,可用药剂浸根,以防治土传病害及粉虱等害虫。

五 定植

定植前10～15天,施基肥、整地、做畦,棚顶覆上薄膜。

秧苗长出5片或6片真叶时定植,移栽过程中要轻拿轻放,定植后浇水,缓苗后培土。

越夏番茄应适当稀植,双行定植,株距40～45厘米,每亩定植1 800株左右。

六 田间管理

1.水肥管理

根据植株长势、天气及栽培方式来掌握浇水量,遵循"前少后多、勤浇少浇"的原则。坐果前适当控制水分,盛果期保持土壤湿润。浇水宜在傍晚进行;第一穗果膨大后,每隔10～15天追肥1次,每亩每次追施水溶肥(16–6–30+TE)5～10千克。

2.温度与光照管理

高温强光季节,尽可能加大棚室通风量,在棚膜上加盖遮阳网,降低温度和减弱光照。

3.植株调整

株高30～40厘米时,设立支架或吊蔓绳,并及时引蔓、绑蔓。采用单秆整枝方式,只留主秆,及时摘除所有侧枝,主秆顶部的目标果穗开花时,在最后一穗花后留2片叶摘心。及时摘除植株下部的老黄叶和病叶。

4.保花保果

出现授粉不良情况时可用防落素或生长素喷花或抹花,气温较高时,应降低使用浓度,防止沾到枝叶上。

七 病虫害防治

主要病害有病毒病、灰霉病、疫病等,主要虫害有蚜虫、蓟马、潜叶蝇、茶黄螨、白粉虱、烟粉虱、棉铃虫等。具体防治方法参见第七章第二节。

▶ 第三节　秋季番茄栽培技术

一 品种选择

选择抗病毒病,前期耐高温、后期耐低温的优质高产品种。

二 播种育苗

1. 种子处理

在直射阳光下晒种约2小时,用适量清水浸种3～4小时,捞出后用40%的磷酸三钠10倍液浸种20分钟,浸后将种子用清水漂洗干净。

2. 育苗方式

采用穴盘基质育苗。采用50孔或72孔育苗穴盘,也可根据实际生产需要选择其他规格的穴盘;常用基质一般由草炭、蛭石、珍珠岩等组成,建议采用蔬菜育苗专用商品基质。

3. 茬口安排

一般6月下旬至7月上旬播种,7月中下旬定植,9月下旬至10月中旬上市,在霜冻降临之前可以采摘部分青果,经贮存后转红再上市。

4. 播种育苗方法

将商品基质装入穴盘,浇水打孔后播种,每穴1粒,播后覆盖0.5厘米厚的基质或盖籽土,其上覆盖打湿的遮阳网,以遮阳保湿。

5.苗期管理

方法同本章第二节"越夏番茄避雨栽培技术"中的苗期管理办法。

6.壮苗标准

苗龄45天左右,5~7片真叶,带花蕾且子叶完整,叶肥厚、浓绿,根系发达,无病虫害。

三 整地施肥

每亩施用经无害化处理的农家肥3 000~3 500千克或商品有机肥300~400千克、硫酸钾型复合肥(18-7-20)25~30千克、过磷酸钙50千克。均匀撒施,深翻土地,耙碎整平,做成宽70~80厘米、高10~15厘米的栽培畦,沟宽50厘米,铺设滴灌带。

四 定植

每畦栽两行,株距35~40厘米,每亩定植2 500~2 600株。定植后浇透水,缓苗后可覆盖地膜,并用土封严定植穴。

五 植株调整

株高30~40厘米时,设立支架或吊蔓绳,并及时引蔓、绑蔓;采用单秆整枝方式,只留主秆,及时摘除所有侧枝;主秆顶部的目标果穗开花时,在最后一穗花后留2片叶摘心。及时摘除植株下部的老黄叶和病叶。整枝打杈尽量避开阴雨天。

六 水肥管理

采用水肥一体化技术,结合浇水进行追肥。除开花期及转熟期要适当控水外,其他各期都应保证充足的水分供应;第一穗果膨大后,每隔

10~15天追肥1次,每亩每次追施水溶肥(16-6-30+TE)5~10千克。

七 病虫害防治

具体防治方法参见第七章第一节、第二节。

八 采收

根据销售距离,以及采后处理、运输条件等选择适宜的成熟果进行采收。

番茄采收时应避免气温较高的中午,宜选择早晨或傍晚温度偏低时进行,但要尽量避开连续阴雨天气及有露水的清晨;采收时需用剪刀自果柄处剪下果实,果实上所带果柄不能太长,以防刺破果实,一般所留果柄不能超过1厘米。

▶ 第四节　越冬番茄栽培技术

一 品种选择

选择耐低温、弱光,耐湿,抗病性强,连续坐果能力强,中晚熟的优质高产番茄品种。

二 茬口安排

根据当地气候特征,一般9月初开始播种,10月陆续定植,翌年1—2月开始采收。

三 设施条件

需具有良好保温性能的设施,有加温条件的更好。

四 播种育苗

1.种子处理

温汤浸种:先用冷水浸种3~4小时,然后用55℃温水浸种0.5小时,浸后立即将种子用冷水降温,晾干后备用。

药剂消毒:用40%磷酸三钠10倍液浸种20分钟(防病毒病);用福尔马林300倍液浸种15分钟(防枯萎病、黄萎病等);用高锰酸钾1 000倍液浸种15~20分钟(防病毒病、早疫病、炭疽病、褐斑病等);用50%多菌灵可湿性粉剂500倍液浸种2小时(防早疫病、晚疫病等)。

药剂处理注意事项:药液用量以浸没种子5~10厘米为宜,一般为种子量的2倍以上。浸过种的药液可以多次使用,但要不断补充减少的药液;浸种用的药剂必须是溶液或乳浊液,不能使用悬浮液;浓度和浸种时间要严格把控,浸后用清水洗净种子,以免产生药害。

催芽:将处理好的种子放在26~30℃温度条件下催芽1~2天,有60%的种子露白即可播种。

2.育苗方式

采用穴盘基质育苗方式。一般采用50孔或72孔育苗穴盘,也可根据实际生产需要选择其他规格的穴盘;常用基质一般由草炭、蛭石、珍珠岩等组成,建议采用蔬菜育苗专用商品基质。

3.播种育苗方法

将商品基质装入穴盘,浇水打孔后播种,每穴1粒,播后覆盖0.5厘米厚的基质或盖籽土,其上覆盖薄膜和保温被,当出苗率达80%时及时去掉平铺的薄膜,架设小拱棚,小拱棚上覆盖薄膜和保温被进行出苗后保温。

低温时可采用铺设电热线、多层覆盖、安装热风带等措施提高育苗环境温度,并进行分段变温管理;遇连续弱光天气可利用人工补光等措施。

4.壮苗标准

苗龄60~70天,7~9片真叶,带花蕾,子叶完整,叶肥厚、浓绿,根系发达,无病虫害。

五 整地施肥

利用休耕期灌水覆膜闭棚进行高温闷棚,或进行水旱轮作。

每亩施用经无害化处理的农家肥3 000~3 500千克或商品有机肥300~400千克、硫酸钾型复合肥25~30千克、过磷酸钙50千克。均匀撒施,深翻土地,耙碎整平,做成宽70~80厘米、高10~15厘米的栽培畦,沟宽50厘米,铺设滴灌带,覆盖地膜。

六 定植

每畦栽两行,株距35~40厘米,每亩定植2 500~2 600株。定植后浇透水,缓苗后用土封严定植穴。

七 整枝打杈

1.支架、绑蔓

株高30~40厘米时,设立支架或吊蔓绳,并及时引蔓、绑蔓。

2.整枝

采用单秆整枝方式,只留主秆,及时摘除所有侧枝,长季节栽培的及时落蔓。

3.摘心、摘叶

主干顶部的目标果穗开花时,在最后一穗花后留2片叶摘心。及时摘除植株下部的老黄叶和病叶。

整枝打杈尽量避开阴雨天进行。

八 温湿度及光照管理

定植后注意通风降温,避免秧苗徒长;温度降低时要加强保温措施;棚膜选用高透光无滴膜,并及时清扫棚上积雪、灰尘等,以增加棚内光照、提高棚室温度;进入低温季节后,兼顾保温的同时尽量增加棚室通风透光时间;悬挂补光灯进行人工补光;设置暖风机或使用大棚加温块进行增温;悬挂反光幕增加棚内光照,促进番茄转色;用草帘或无纺布、薄膜等多层覆盖进行保温。

九 水肥管理

采用水肥一体化技术,结合浇水进行追肥。定植后3~5天,浇1次水;此后控水控肥,促进根系生长、避免植株徒长。第一穗果膨大时,每亩追施水溶肥(16-6-30+TE)10~15千克。2月前后温度较低,应尽量减少浇水追肥次数,以防温度降低及湿度增加;气温逐渐回暖时,每亩追施水溶肥(16-6-30+TE)5~10千克,每隔7~10天1次;叶面可喷施硼镁肥、氯化钙等,以协调植株养分供应,提高植株抗性,促进增产。

十 保花保果

出现授粉不良情况时,可用防落素或生长素喷花或抹花,用药时防止直接沾到枝叶上。

十一 病虫害防治

主要病害有猝倒病、立枯病、早疫病、晚疫病、灰霉病、叶霉病、青枯病、枯萎病、病毒病等;主要虫害有蚜虫、蓟马、潜叶蝇、茶黄螨、白粉虱、烟粉虱、棉铃虫等。

具体防治方法参见第七章第一节、第二节。

十二 采收

　　根据销售距离,以及采后处理、运输条件等选择适宜的成熟果进行采收。

　　番茄采收时应避免气温较高的中午,宜选择早晨或傍晚温度偏低时进行,但尽量避开连续阴雨天气及有露水的清晨;采收时需用剪刀自果柄处剪下果实,果实上所带果柄不能太长,以防刺破果实,一般所留果柄不能超过1厘米。

第三章 辣椒高效栽培技术规程

第一节 春季辣椒栽培技术

一 品种选择

选择耐低温、弱光，耐湿，抗病性强的早熟品种。

二 播种育苗

1.播种时期

11月至翌年1月。

2.种子处理

阳光下晒种4~8小时；用50~55℃热水烫种15分钟，用30℃清水浸种5小时，或用10%磷酸三钠溶液或0.3%高锰酸钾溶液浸种20分钟。种子冲洗干净后，用湿纱布包裹置于25~30℃温度条件下催芽。

3.播种育苗

可于11月初至翌年1月播种，一般10天出苗，出苗后要注意通风，中午阳光强烈时，把拱棚上的薄膜掀去，16:00左右再覆膜。幼苗生长期气温较低，既要注意保温防寒又要注意通风降湿，在霜冻时节，需要在中午选择背风处掀开一小口进行通风，时长以1~2小时为宜。

三 整地施肥

栽前搭建大棚设施,覆盖薄膜。选择地势高爽、排水良好、前两年未种过茄果类蔬菜的大棚。整地前每亩施用腐熟有机肥2.5～3.0吨、三元复合肥(15–15–15)50千克,然后深翻整畦。6米标准大棚内做4畦,棚两侧留60厘米操作道以方便管理,畦宽70～80厘米,沟宽40～50厘米,沟深25～30厘米;8米标准大棚做5畦,畦宽80～90厘米,沟宽50～60厘米,棚两侧留70厘米操作道。然后铺设滴灌系统,盖地膜。宜选用黑色地膜,要求全园覆膜,不露土壤。

四 定植

在定植前以稀薄肥水浇透秧苗,同时施用一次防病治虫的药剂,既可做到带肥带药栽植,又可保证营养土在栽种时不散开,有利于保护根系。定植后要及时浇定根水,并注意及时浇缓苗水。定植时每畦种植2行,株距35～40厘米,栽植密度为每亩2 500～3 000株,穴深要略超过土垄,栽苗后先填入半坑土,然后浇水,水渗入后用土把苗周围封严。

五 整枝打杈

地膜栽培辣椒根系分布浅,加上土壤保持疏松状态,易发生植株倒伏,因此坐果后要及时拉绳搭架。定植后及早将分杈以下的侧枝全部摘除,以节省养分,促进坐果,利于通风透光,减少病害。

六 水肥管理

施肥时要求氮肥、磷肥、钾肥合理搭配,做到前轻后重,持久供肥,以保障辣椒前期不疯长、植株健壮、抗逆性强,后期不早衰。采用水肥一体化技术,遵循"生长前期轻施、结果期重施,少量多次施"的原则。缓苗后至第一果膨大时,每隔7~10天随水追肥1次(每亩追施三元复合肥10~15千克或茄果类滴灌专用肥2千克);结果期至拉秧期每隔10~15天随水追肥1次(每亩追施三元复合肥10~15千克或茄果类滴灌专用肥7.5千克);视墒情及时滴灌浇水。

七 病虫害防治

连栋大棚辣椒春季早熟栽培一般病虫害都比较轻,主要虫害有蚜虫、烟青虫、夜蛾等,具体防治方法参见第七章第一节、第四节。

八 采收

辣椒是持续坐果能力较强的作物,辣椒膨大后要及时采摘,以利于后续坐果。结果中后期要及时追肥,以持续坐果。

▶ 第二节 越夏辣椒避雨栽培技术

一 品种选择

选择抗病、耐热、耐贮运的优质高产品种。

二 播种育苗

1.播种时期

每年3—5月。

2.种子处理

阳光下晒种4~8小时;用50~55℃热水烫种15分钟,用30℃清水浸种5小时,或用10%磷酸三钠溶液或0.3%高锰酸钾溶液浸种20分钟。将

种子反复多次冲洗干净后,用湿纱布包裹置于25~30℃温度条件下催芽。

3.育苗

采用棚室穴盘集中育苗,采用60目防虫网,棚室悬挂黄板、蓝板诱杀蚜虫、叶蝉、飞虱,切断昆虫传播病毒途径。选择蔬菜育苗专用基质,选择50孔或72孔育苗穴盘。穴盘装满基质后,用专用机械或器具打孔,孔眼直径1.5厘米左右、深1.0厘米左右,每穴播1粒种芽,播后覆盖基质。出苗前,覆盖薄膜保湿,薄膜上覆盖草帘或无纺布等保温材料,适宜温度为25~30℃;出苗后,晴天早掀晚盖、阴雨天采取补光措施,白天适宜温度为25~28℃,夜间适宜温度为15~20℃;基质表面发白时补充水分,每次均匀浇透,宜在中午浇水,阴雨天或弱光、湿度大时不宜浇水,出苗后湿度保持在50%~70%。壮苗标准:苗龄35天左右,6片或7片真叶,根系健壮发达。

（三）整地施肥

定植前深翻土地,每亩施用经无害化处理的有机肥2 500~3 500千克,复合肥和钙镁磷肥各525千克。整地做畦,畦面宽80~90厘米、沟宽40厘米左右,铺设滴灌系统,覆盖地膜,定植前1天苗床浇透水。

（四）定植

每畦栽2行,株距40厘米左右,定植密度为每亩2 600~3 000株。选择晴天定植,定植深度以子叶痕刚露出土面为宜,定植后浇足水。

（五）整枝打杈

辣椒植株第一分杈以下会发生许多侧枝,为减少养分消耗、保证尽早结果,主茎上第一朵花以下的侧枝应在开花前摘除。及时剪除门椒以下的侧枝,及时立支柱或搭设简易支架以防止植株倒伏。在辣椒生长期

间,及时将病叶、病果或病株清除,以防病菌蔓延。

六 水肥管理

同第一节"春季辣椒栽培技术"的水肥管理。

七 病虫害防治

病虫害防治按照"预防为主,综合防治"的原则执行,结合种子消毒、土壤消毒、物理防治进行预防。在病虫害发生前或发生初期使用低毒低残留农药进行化学防治,重点防治疫病、病毒病、蚜虫、粉虱等。利用6—8月高温天气,增施石灰氮、秸秆和有机肥后翻耕土壤、灌水、覆盖地膜和大棚膜,进行土壤高温消毒。具体防治方法参见第七章第一节、第四节。

八 采收

6月中下旬至7月上中旬开始采收,根据市场需求确定具体采摘时期。提早采摘门椒;以早晨或傍晚采收为宜,采收后放到阴凉处,避免阳光直射,及时分级包装销售。

▶ 第三节　秋季辣椒栽培技术

一 品种选择

选择抗病,前期耐高温、后期耐低温的优质高产品种。

二 播种育苗

1.播种期

秋季辣椒栽培适宜的播种期为每年7月初至8月初,也可根据市场

行情预测做适当调整。

2.种子处理

将种子放入20~30℃温水中浸泡30分钟,激活休眠病原菌,然后转入55℃温水中浸泡200分钟,注意保持水温,不断搅拌。温汤处理过的种子放入高锰酸钾500倍液中浸泡15分钟后,取出用清水冲洗干净,待播。

3.育苗

使用穴盘基质育苗,穴盘基质育苗不仅节约用种、省工省时,且幼苗生长快、整齐、健壮,幼苗生理活性高,定植后缓苗快、产量高、土传病害少,是今后育苗的方向。同时,选用透气性好、速效性养分充足的基质,这样培育的辣椒苗长势强,叶色浓绿。播种后,苗床要浇透水,浸透基质,需将苗床及周边沟埂洇湿。苗床覆盖塑料薄膜,膜上覆盖遮阳网等遮阳物,谨防塑料膜见光骤热而烧芽。基质育苗应勤浇水,保持基质湿润,防止中午强光高温灼烧幼苗茎基部,导致定植后出现死苗等严重问题。注意喷水不能在强光高温下进行;且雨天注意防止雨水淋到苗床内,及时排水。播种至出苗阶段,要盖好遮阳网,出苗后,在晴天10:00—15:00时这段时间,需要覆盖遮阳网,其余时间和阴天要揭掉遮阳网。

三 整地施肥

选前茬未种过茄果类蔬菜的地块,深耕细耙,清除前茬的残枝枯叶,对土壤进行杀菌和消毒。秋季辣椒生长快,应施足底肥,一般每亩施用充分腐熟的有机肥2 000千克、复合肥40~50千克,以满足辣椒生长发育及开花结果的需要。顺棚筑垄,垄距90厘米,垄宽50厘米,垄高15厘米,垄面呈龟背形,垄上铺地膜,膜两边用土压住。大棚中间留稍宽的道,方便田间管理和采摘。

辣椒忌连作,也不能与茄子、番茄、马铃薯、烟草等同科作物接茬种植。秋季大棚辣椒结果期短,应重视底肥施用。一般每亩施用腐熟的农家肥 2 500 千克、三元复合肥 75 千克,或尿素 20 千克、磷酸二铵 40 千克、硫酸钾 25 千克,深翻 30 厘米左右,垄高 15～20 厘米。铺设滴灌设施,覆盖地膜等待定植。畦宽为 1.2 米,沟宽为 0.5 米,夏季温度较高,应选择晴天 16:00 后或阴天进行定植。

四 定植

辣椒苗龄 35 天左右,80% 的幼苗将近现蕾时定植,应在定植前 3 天喷施 25% 多菌灵可湿性粉剂 1 000 倍液,确保幼苗带药下地。

一垄双行种植,株距 30 厘米,每穴 1 株。每亩定植 2 500～3 000 穴。选择晴天下午定植,当天上午苗床需浇水,边定植边浇定植水。

五 整枝打杈

门椒以下的侧枝要及时全部打掉,以促进植株营养生长,促使果实膨大,提高商品性。侧枝处理得越早,植株开花越早,坐果越早,从而提高产量。

六 水肥管理

秋季辣椒栽培在施足底肥的基础上,前期无须追肥,应创造良好的条件,促进营养生长和植株健壮,门椒坐稳后及时浇水促使其膨大。对椒坐稳后结合浇水施肥进行中耕除草,促进土壤疏松透气,每亩追施复合肥 15 千克,四门斗椒坐稳后每亩追施复合肥 30 千克,以后每隔 20 天左右追施 25 千克左右的复合肥,此时要勤浇水,水量以保持膜下见干见湿为宜。

七 病虫害防治

秋季大棚辣椒生长前期高温高湿,极易发生病毒病、立枯病、根腐病、灰霉病、白粉病、疫病等病害。具体防治方法参见第七章第一节、第四节。

八 采收

视植株长势灵活采收门椒和对椒。若植株生长过旺,可适当晚摘以控制植株长势;反之则应提前采收,以促进植株生长。采收后期应尽量晚采,可采用植株挂果保鲜法、储藏保鲜法延后上市,以提高经济效益。

▶ 第四节　越冬辣椒栽培技术

一 品种选择

选择耐低温、弱光,耐湿,抗病性强,中晚熟的优质高产品种。

二 播种育苗

1.种子处理

用清水浸种3~4小时后,将种子捞出放入10%磷酸三钠溶液中浸泡20~30分钟,然后将种子捞出洗净待播。包衣种子可不做处理。

2.播种育苗

把配置好的基质装入穴盘内,并用压穴器压穴,一般穴深0.8厘米左右。可机器点播,也可手工点播,每穴一粒种子。播种后把播种的穴盘用蛭石盖平,然后在蛭石上喷水,确保水分渗透。最后把穴盘放入催芽室的催芽架上进行催芽,白天温度控制在28~30℃,夜间温度控制在20℃。一般5~6天即可出芽。

三 整地施肥

提前在高温季节将土地深翻,选择前茬为非茄科蔬菜的地块,每亩施腐熟优质有机肥15~20米³、硫酸钾型复合肥50千克,深耕25~30厘米。南北起垄,大行宽80厘米、小行宽50厘米,垄高15厘米。起垄后在垄上开宽12厘米的沟,然后每亩施用腐熟饼肥500千克,均匀施入沟内,将肥料与沟内土混匀,最后把垄整平。苗床周围要开挖20~30厘米深的排水沟。

四 定植

在垄上按40厘米株距破膜开穴,每穴栽1株,每亩可栽2 500~3 000株。定植时需要先确定苗的位置,再根据开穴距离进行栽植;同时,定植时要注意深浅,太深对苗生长不利。在覆土后要浇透水。

五 整枝打杈

作为越冬一大茬长期栽培,如果植株高大,需要吊引枝条和修剪整枝。

1.吊引枝条

吊引枝条一般需要在定植缓苗后,将长60厘米左右的竹竿或小木棍斜插于土中,固定在第1分枝的下面。定植20多天后,在每一主行的上方拉起3道南北向的14号铅丝,铅丝尽量高些,南低北高,北侧应不低于1.8米。用2根尼龙线分别系于2个主枝第3、第4个分枝点处,上边系在左、右2根铅丝上,形成"V"形牵引结构。牵引的角度要视植株长势而定:

株势旺时,可放松些,使主枝的生长点向外侧稍微倾斜。因结果而株势衰弱的枝条,可用绳缠绕尖端稍加提起,以助长株势。铅丝牵引的中间枝,原则上不能高于两侧的主枝。如果担心牵引的中间枝高度超过两侧的主枝,可对其进行摘心,或将其顶端向一侧压倒。

2.修剪整枝

(1)去腋芽

第1分枝下叶腋里发生的腋芽须在育苗末期11月各进行1次摘除清理。

(2)摘叶

对一些植株下部的病老叶要及时摘除,以减少病源,增加地面及下部光照。

(3)修剪、疏枝

辣椒最忌出现重叠枝,前期需要剪除互相拥挤的枝条,以防止植株直立生长。12月中旬后发生的枝条会造成内部拥挤,枝条互相重叠,需要及时进行疏间。

六 水肥管理

从定植后到缓苗前,需向根部充分灌水,否则易伤根,也不能及时诱发新根。幼苗成活后应当减少灌水量,同时降低管理温度,促使根系深扎,保证茎秆稳健生长,以避免茎秆细弱引起大量落花。大量开花坐果后宜多灌水。进入12月下旬到翌年2月中旬的低温时期,植株已基本长大,此时光照条件差,室内温度也低,需要适当控制浇水频率,一般每隔10~15天浇1次水,并只在早晨浇水,而且尽量使用深机井水。春季天气转暖后,随着管理温度的升高,浇水也必须跟上,否则室内空气干燥,高温和干旱会妨碍辣椒正常开花受精,引起落花。除加强水分管理外,还要把垄间的地膜适时揭除一部分或全部揭除,以保持室内相对较高的空气湿度(70% ~ 80%)。土壤相对含水量以 50% ~ 60% 为宜。一般认为辣椒是需水量不多的作物,但水分充足促使果实膨大快,产量也高。灌水间隔天数和灌水量要依据土质、植株外部形态来综合分析确定。从果实上看,灯笼形果实顶部变尖或表面大量出现皱褶表明水分不足,应及时灌水,否则会影响产量。

七 冷冻害及病虫害防治

1.冷冻害

越冬辣椒栽培可能会发生低温冷害或冻害。

(1)低温障碍

辣椒生长期间,遇到持续的低温颜色会变淡,或在近叶柄处出现黄色花斑,植株生长缓慢。

(2)冷害

辣椒遇到 0 ~ 5℃ 低温时,会出现冷害,叶尖和叶缘出现水渍状斑块,叶组织变为褐色或深褐色,后呈现青枯状。在持续低温下,辣椒抵抗力减弱,容易发生低温型病害,或产生花青素,导致落花、落果和落叶。

(3)冻害

辣椒遇到 0℃ 以下低温时,会发生冻害。在辣椒生产上可以看到下列植株受冻的情况:一是苗床个别植株受到冻害;二是生长点或子叶以上三四片真叶受冻,叶片萎蔫或干枯;三是幼苗尚未出土,在地下就全部被冻死;四是植株生育后期,果实在秧上保鲜期间或者运输期间受冻。症状最初不显,但当温度升到 0℃ 以上时,症状开始显露,初为水浸状,软化,果皮失水皱缩,果面出现凹陷斑,持续一段时间后即发生腐烂。辣椒生育的临界温度是 8 ~ 13℃,地温 18℃ 以下时根的生理功能开始下降,

8℃及8℃以下时根停止生长。在低温侵袭时,幼苗和成株的受害情况会因品种、播期、施肥量、是否覆盖保温物、通风性、浇水量及此前秧苗锻炼的程度等而有很大差别。通常,小苗可以忍受4℃左右的低温。0~2℃果实可能发生冻害,0℃持续12天后,果面出现大片无光泽的凹陷斑,如同被开水烫过一样;4℃的温度持续18天,果实也会出现相同症状。

防止低温冷害和冻害的主要措施:一是选用耐寒耐低温的优良品种;二是育苗和棚室生产要选择性能好的设施,并注意加强保温,必要时要进行人工补温;三是在低温到来之前,要有意识地降低管理温度,使植株受到低温锻炼。同时,给植株喷洒硫酸链霉素、植株抗寒剂等药剂,以提高植物耐低温能力。

2.病虫害

主要病害包括烟煤病、病毒病、枯萎病、茎枯病、疫病、菌核病;主要虫害包括白粉虱、蚜虫、菜青虫、茶黄螨等。具体防治方法参见第七章第一节、第四节。

(八) 采收

当辣椒长到果肉肥厚、色泽鲜艳、果形大小适中时可开始采收,采收时间为12月上旬至翌年6月上旬。可视市场行情适时采收,以提高经济效益。

第四章 茄子高效栽培技术规程

第一节 春季茄子栽培技术

一 品种选择

应选择株型紧凑、雌花节位低、结果早、品质好、较耐弱光、耐寒性较强、抗病、高产、适合目标市场的品种。

二 定植

根据棚内气温和地温确定定植期，以棚内气温不低于10℃、10厘米地温稳定在12℃以上为宜。可选晴天上午进行定植。先在畦面沟两侧按行距50厘米、株距40厘米打孔，将茄子苗定植后浇定根水，定植密度约为每亩2 500株。

三 温度管理

定植后可密闭棚体，棚内温度保持在30～35℃，以促进缓苗。缓苗后中耕蹲苗，提高地温，促进根系生长，并逐渐通风，调温控湿，增加光照，白天温度保持在25～30℃，夜间温度保持在15～18℃；开花结果期，白天温度控制在25～30℃，夜间温度不低于15℃。3—4月天气渐暖时加大通风量，通风时间应适当提前，通风口由小增大，当夜间温度稳定在

15℃以上时,可昼夜通风。

四 水肥管理

采用水肥一体化技术。定植后3～5天浇缓苗水,开花前适当控制水分,以促进植株发棵。茄子定植后缓苗期间不宜追肥,当门茄"瞪眼"时,每亩追施氮、磷、钾(18-7-20)复合肥15千克,施肥后及时灌水。以后每采摘2次或3次,结合灌水追肥1次,每亩追施复合肥7～10千克。

五 植株调整

在门茄坐果前后,采用双秆整枝方式,摘除主茎上其余腋芽,四门斗茄坐果后进行摘心。生长期间应随着果实采收,及时摘除植株下部老叶、黄叶和病叶,以促进通风透光。

六 保花保果

茄子定植早,气温低于15℃且光照不足时,易引起落花落蕾和形成畸形果。可施用50毫克/升防落素浸花,防落素内加入速克灵或扑海因1 000倍液可兼防灰霉病和绵疫病。

七 采收

从开花到果实成熟需要20～25天,果实成熟时分批采收。

▶ 第二节 越夏茄子避雨栽培技术

一 设施选择

茄子根系茂密,需水量大,但是不耐涝。选择光照充足、地势高燥且平坦、土层深厚、疏松肥沃、排灌方便、3年未种植过茄科作物的田块,并与豆科、瓜类作物实行合理轮作。选择夏季通风散热效果优良,仅覆顶膜的钢架大棚,肩高1.5米,跨度6~8米,长度40米左右,依地势而定。

二 茬口安排

每年4月上旬播种,5月中下旬定植,7月中旬开始采收,9月中下旬采收结束。

三 品种选择

选择在低温弱光条件下生长势强、耐湿耐热、优质、高产、多抗、符合市场需求的茄子品种。白茄选"白茄2号""白茄3号",肉质细嫩,商品性好,综合抗性强;紫红线茄选"皖茄6号""浙茄10号",生长势旺,早熟,商品性佳,耐储运;紫黑茄选"皖茄7号""苏茄6号",耐低温、弱光,易坐果,综合抗性强;绿茄选"皖茄8号",果形好,肉质白嫩,抗逆性、抗病性强。

四 播种育苗

1.种子处理

阳光下晒种4~5小时;用55℃热水烫种15分钟,在常温下浸种8小时左右,将种子捞出冲洗干净后,用湿纱布包裹置于25~30℃温度条件下催芽。

2.播种育苗

采用棚室穴盘集中育苗。选择蔬菜育苗专用基质,选择50孔育苗穴盘。穴盘装满基质后,用专用机械或器具打孔,孔眼直径在1.5厘米左右、深1.0厘米左右,每穴播1粒,播后覆盖基质。出苗前,覆盖薄膜保湿,薄膜上覆盖草帘或无纺布等保温材料,适宜温度为25~30℃;出苗后,晴

天早掀晚盖,阴雨天采取补光措施。白天适宜温度为25~28℃,夜间适宜温度为15~20℃;基质表面发白时补充水分,每次均匀浇透,宜在中午浇水,阴雨天或弱光、湿度大时不宜浇水,出苗后湿度保持在50%~70%。壮苗标准:苗龄60~80天,7~9片真叶,株高15~20厘米,叶色浓绿,茎粗壮,现蕾,根系发达,无病虫害。

（五）整地定植

定植前深翻土地,每亩施用经无害化处理的有机肥2 500~5 000千克和复合肥50千克。整墒做畦,畦面宽90~100厘米,畦高20厘米,沟宽40厘米,铺设滴灌系统,覆盖地膜,定植前1天苗床浇透水。选择晴天下午或阴天定植,用打孔器打孔,将苗栽入孔内,并用土封口,覆土至子叶基部,定植后浇足水。每畦栽2行,株距50厘米左右,每亩定植1 900~2 000株。

（六）田间管理

采用双秆整枝方式,及时搭架防止植株倒伏。门茄采收后摘除下部老叶、病叶,剪去徒长枝和过长的侧枝,对茄形成后抹去下面腋芽。采用水肥一体化技术,坐果前保持土壤湿润,果实开始膨大后增大浇水量,一般每隔5~7天滴灌1次;每采收1~2批果,追肥1次,每次在滴水开始1小时至停水前0.5小时,每亩冲施45%硫酸钾型复合肥(18-9-20)15千克。田间大棚合理通风、浇水,调控生态环境,以控制病害,延缓病害发生时间,降低发病程度。

（七）采收

根据市场需求和商品果成熟度及时采收。宜在早晨或傍晚采收,采收后放到阴凉处,避免阳光直射,及时分级包装销售。

▶ 第三节　秋季茄子栽培技术

一　品种选择

选择耐热性和耐涝性强、连续坐果能力强、抗病、丰产、满足目标市场需求的中晚熟品种。

二　播种育苗

一般于6月中下旬播种育苗。选择地势高、易排水的地块作为苗床,用穴盘育苗,覆盖1厘米厚的营养土,搭遮阳网遮阳,出苗后掀去覆盖物。嫁接分苗前浇透水,喷施1次75%百菌清800~1000倍液。

三　培育砧木苗

在茄子播种前1周,准备砧木苗床。选择托鲁巴姆等作为砧木,播种后至嫁接前的苗床管理与茄苗相同。

四　嫁接与管理

茄子幼苗第2片真叶展开时,进行嫁接,此时砧木苗基本在6~8叶,用套管法嫁接。秋延茄苗嫁接后管理的重点是遮阳降温和保持较高的土壤及空气湿度,以促进接口愈合。注意通风、调节温湿度,保持茄苗生长的温度在25℃左右、空气相对湿度在95%以上。3~5天接口愈合茄苗成活后,通风炼苗,移栽前4~5天,将苗床浇透水。

五　整地定植

移栽前15天,每亩大棚施用石灰氮75千克,然后深翻并浇透水,密

封闷棚7～10天。移栽前10～15天,每亩施用经无害化处理的有机肥5 000～6 000千克、复合肥50～60千克、磷酸二氢钾5千克、多元微肥1～2千克、熟石灰50～60千克,深翻20厘米左右,整成宽1.2米、高15～20厘米的小高垄。苗龄为35～45天,当幼苗具有5片或6片真叶时定植。选择阴天或晴天下午定植。定植前将苗床浇透水。依据品种,定植密度为每亩2 000～2 500株。定植后及时浇定根水。

(六) 田间管理

白天控制温度在30℃以下,土壤湿润,棚内空气相对湿度在95%以上。成活后浇透水,通风降温降湿。开花前一般不浇水追肥,从对茄开始,每杈只留1个健壮的茄花坐果,抹去多余茄花。及时打掉老叶、病叶、徒长枝,减轻病虫害。在对茄坐牢后浇透水;在四门斗茄、八面风茄坐牢后,交替叶面喷施0.5%的尿素和0.3%的磷酸二氢钾、生物活性微肥,促进果实膨大。在对茄、四门斗茄、八面风茄开花期间,每天早晨用20～30毫克/千克的2,4-D溶液涂花。对茄、四门斗茄、八面风茄每采收一批,浇水和追肥1次,每次每亩施用尿素10千克、硫酸钾5千克。

10月下旬,在盛果采收期结束时,结合浇水每亩重施尿素20～25千克、硫酸钾10～15千克。11月中旬后,要及时加覆盖物,夜间和阴雨天开灯补光。12月后,若保温和增温等措施得力,可再收获1～2批。

▶ 第四节 越冬茄子栽培技术

一 品种选择

选择在低温弱光环境下坐果能力强、着色好、抗病、丰产、适合目标

市场需求的品种。

二 整地定植

定植前20天翻地和施用基肥,每亩施用经无害化处理的有机肥2 500～5 000千克和复合肥50千克,施肥后深翻25厘米,整平耙细,并浇水作墒。按畦面宽90厘米和60厘米做成大小畦,在小畦内每亩撒施复合肥40～50千克。一般10—11月定植,翌年1月开始采收,6月拉秧。

依据品种特性、栽培方法、土壤营养等因素来决定定植密度。一般早熟品种比晚熟品种密度大;株型紧凑的品种比植株开展度大的品种密度大;土壤肥力差的比土壤肥力高的密度大。一般早中熟品种每亩栽2 200～2 500株,中熟品种每亩2 000～2 200株,晚熟品种每亩1 500～2 000株。按照品种要求,一般定植株距为45～50厘米,定植后,覆土封穴浇足水。

三 温光管理

定植后缓苗期间不放风,保持较高温度,以促进缓苗。室温控制在白天25～35℃、夜间18～23℃,地温控制在25℃以上。缓苗以后,可适当降低温度,室温保持在白天25～30℃、夜间20℃左右。

越冬期间,白天应保持较高的室温,尽量保持25～30℃的室温不少于5小时;若中午前后温度升到32℃,可适当进行放风;下午降至25℃时,及时关闭放风口。夜间要加强保温,严寒天气下可适当增加覆盖物。夜间室温保持在15～20℃,不低于12℃。

进入2月下旬后,温光条件趋好,根据天气和室内温度变化,利用通风口控制室内温度。白天室温控制在上午27～32℃,下午22～27℃;夜间室温控制在上半夜17～22℃,下半夜15～17℃。阴雨天室温控制在白

天22～27℃,夜间13～17℃。注意清洁薄膜,维持较高的透光率。

四 水肥管理

采用水肥一体化技术。定植缓苗后若浇水不足且室温又较高,可浇一次水,但浇水后应及时放风,防止植株生长过旺。在此期间,应及时抹去门茄及其以下的腋芽。培土后浇水。越冬期间,可选晴好天气于膜下灌水,每亩随水冲施水溶肥20千克。

越冬后的2月中旬至3月中旬,每隔10～15天浇水1次,每次随水冲施复合肥15千克。3月中旬以后,每亩7～10天浇1次水,结合浇水每亩施用磷酸二铵15～20千克。

五 保花保果

由于冬春温度较低,宜用20～35毫克/升的2,4-D蘸花或涂抹花萼和花朵。温度低时,适当提高2,4-D浓度。

六 植株调整

采用双秆整枝方式,摘除多余的侧枝,为了改善植株群体的通风透光条件,还应及时摘掉植株基部的老黄叶片。进行嫁接的茄子,注意及时去掉砧木上的侧芽和叶片。中后期应吊蔓,以防倒伏。

七 合理采收

根据品种特性,及时采收达到商品果成熟度的果实。采收果实宜在早晨和傍晚进行,以延长货架期。

第五章 ▶ 茄果类蔬菜种植新模式

▶ 第一节 番茄长季节栽培模式

一 品种选择

选择生长势强、优质丰产、商品性好、持续坐果能力强的无限生长型品种。

二 茬口安排

越夏型：7月播种，8月定植，10月始收，翌年5—6月采收结束。

越冬型：10月下旬播种，12月定植，翌年2—3月始收。

三 种子处理

把种子放入55℃水中浸泡15分钟后，在常温下浸泡6~8小时。将水中的种子捞出洗净，置于26~30℃温度条件下保温催芽。

四 播种育苗

采用穴盘基质育苗。一般采用50孔或72孔育苗穴盘，也可根据生产实际需要选择其他规格的穴盘；常用基质一般由草炭、蛭石、珍珠岩等组成，建议采用蔬菜育苗专用商品基质。

将商品基质装入穴盘,浇水打孔后将出芽种子芽尖朝下平放于穴孔中,每穴1粒,播后覆盖0.5～1.0厘米厚的基质或盖籽土,其上覆盖薄膜和保温被,当出苗率达80%时及时去掉平铺的薄膜,架设小拱棚,小拱棚上覆盖薄膜和保温被进行出苗后保温。

可采用铺设电热线、多层覆盖、安装热风带等措施及设备提高育苗环境温度,并进行分段变温管理;遇连续弱光天气时,可利用人工补光等措施。

出苗前,苗床温度控制在25～28℃。待70%的种子破土出苗后,温度控制在白天25～26℃、夜间15～18℃。第1片真叶出现后,温度控制在白天20～25℃、夜间10～15℃。移栽前5～7天开始炼苗,逐渐通风降温至与定植环境一致。

播种前1天浇透底水,出土前一般不再浇水,子叶期应控制地面见干见湿,以保墒为主。真叶展开后可适当加大喷水量,浇水应选在晴天上午进行。结合浇水喷洒75%百菌清800倍液或70%甲基托布津800倍液。

(五) 壮苗标准

6片或7片真叶,带花蕾,子叶完整,叶肥厚、浓绿,根系发达,无病虫害。

(六) 设施条件

(1)设施类型:塑料大棚、日光温室、连栋温室均可。

(2)配套设施:四周应配套排水沟。地下应设供水管道,每个设施设置一两个进水口,内部埋设滴灌系统。

(七) 整地定植

(1)施肥做畦:定植前10～15天,施基肥、整地、做畦。每亩施用经无害化处理的有机肥3 000千克左右、发酵菜籽饼100千克、过磷酸钙50千克、48%硫酸钾三元复合肥40~50千克。土肥混匀,耙碎整平。做成畦宽0.8~1.0米,沟宽0.6米、深15厘米的高畦。

(2)定植密度:株距40~45厘米,每亩定植2 200株左右。

(3)定植要求:定植前1天,苗床浇透水;番茄苗移栽过程中要轻拿轻放;番茄苗放入定植穴后覆土,浇定根水,再培土。

八 田间管理

1.温湿度管理

定植后应保持土壤湿润,夏季大棚外面适时加盖遮阳网,注意调节温度与光照之间的矛盾,防止植株徒长。冬季、早春要加强保温工作。

冬季可采用四层膜覆盖保温,即地膜、小棚膜、中棚膜(大棚内套中棚,跨度为2畦或3畦)、大棚膜;或三膜一毡,即地膜、小拱棚、草毡(大棚"保暖内衣")、大棚膜。晴天适时揭膜降温,翌年温度升高后,必须及时加强通风降温,避免棚温升至35℃以上。

采用膜下滴灌方式,冬春季节依照"晴天适当多浇,阴天少浇或不浇,雨雪天切忌浇水"的原则进行湿度管理。如遇连续阴雨天气,适时通风降湿,同时注意协调与低温的关系。

2.肥料管理

定植前施足基肥,生长过程中加强追肥;第1穗果长到乒乓球大小时,每亩追施10千克高氮高钾速溶肥。以后每采收完1穗果追施1次肥,每亩追施10千克高氮高钾速溶肥,采用膜下滴灌方式施入;坐果中后期,叶面喷施0.2%左右磷酸二氢钾液;缺钙时,叶面喷施0.1%~0.2%氯化钙液或1%过磷酸钙液。

九 植株调整

7月育苗栽培的,年前控制植株生长量,防止徒长,11月底、12月初挂3穗或4穗果后打顶,顶端留2叶或3叶。打顶后,植株第2和第3个穗果之间留1个强势侧枝作为后续结果枝培养,其余侧枝全部去除。翌年温度回暖后,以所留强势侧枝为主秆,单秆整枝,及时进行整枝打杈。

10月育苗栽培的,采用单秆整枝方式,每采收3个或4个穗果后,摘除下部老叶和病叶,降低植株高度1次。

十 保花保果

出现授粉不良情况时可用防落素或生长素喷花或抹花,使用时防止直接沾到枝叶上。

十一 采收

当果实转色至七八成时,即可采收。若需长途运输销往外地,则可适当提前2~3天采收,即在果实刚转色时采收。

▶ 第二节 "水旱轮作"种植模式

一 大棚茄子-水稻轮作栽培模式

1.环境选择
选择光照充足、排灌方便、地势平坦、土层深厚、疏松肥沃的地块。

2.茬口安排
第1茬茄子9月下旬至10月中旬播种,12月下旬定植,翌年3月下旬至6月采收;水稻5月中旬播种,6月中旬定植,10月采收。

3.品种选择

选择生长势强、耐低温弱光、优质、高产、多抗的茄子品种。

4.播种育苗

(1)种子处理

阳光下晒种4～5小时;用55℃热水烫种15分钟,在常温下浸种8小时左右。将种子捞出冲洗干净后,用湿纱布包裹置于25～30℃温度条件下催芽,70%以上的种子露白后可播种。

(2)播种育苗

选择蔬菜育苗专用基质,选择50孔育苗穴盘。穴盘装满基质后,用专用机械或器具打孔,孔眼直径1.5厘米左右、深1厘米左右,每穴播1粒种芽,播后覆盖基质和薄膜,幼芽出土率在50%以上时掀去薄膜。

(3)壮苗标准

茄子苗7～9片真叶,株高15～20厘米,叶色浓绿,茎粗壮,现蕾,根系发达,无病虫害。

5.整地定植

定植前深翻土地,每亩施用经无害化处理的有机肥2 500～5 000千克、复合肥50千克。整塝做畦,畦面宽90～100厘米、畦高20厘米、沟宽40厘米,铺设滴灌系统,覆盖地膜,定植前1天苗床浇透水。选择晴天下午或阴天定植,用打孔器打孔,栽苗后用土封口,覆土至子叶基部,定植后浇缓苗水。双行种植,株距5厘米左右,每亩定植1 900～2 000株。

6.田间管理

越冬栽培进行多层覆盖。定植后闷棚5～7天,温度不超过32℃,缓苗后早晚保温,温度控制在白天25～28℃、夜间16～18℃。

采用水肥一体化技术。坐果前保持土壤湿润,果实开始膨大后增大

浇水量,一般每隔5~7天滴灌1次;每采收1~2批果,追肥1次,每次在滴水开始1小时至停水前0.5小时,冲施45%硫酸钾型复合肥(18-9-20)15千克。

双秆整枝。门茄采收后,摘除下面老叶、病叶和徒长枝;对茄形成后抹去所有腋芽;坐果6个或7个后摘心。

7.病虫害防治

重点防治的病虫害有早疫病、绵疫病、黄萎病、灰霉病、红蜘蛛、蓟马、烟粉虱、蚜虫、螨类等。具体防治方法参见第七章第一节、第三节。

8.采收

根据市场需求和茄子商品果成熟度及时采收。

9.水稻生产技术

选择耐肥、抗倒伏、高产的单季晚稻品种。水稻栽培技术可参照安徽省地方标准DB34/T 2259—2014,水稻病虫害防控技术可参照安徽省地方标准DB34/T 2338—2021。

二 高山茭白-番茄轮作栽培技术

1.环境选择

选择光照充足、地势平坦、水源丰富、排灌便利、保水保肥性能良好、海拔600~1 000米、3~4年未种植过禾本科和茄果类作物的壤土或黏质壤土的地块。

2.品种选择

茭白选用优质、抗性强、丰产性好的单季或双季品种;番茄选用生长势强、抗病、耐热耐湿、优质丰产、适应市场需求的品种。

3.茬口安排

3月上旬至4月中旬种植茭白,6月上旬至11月上旬采收;11月至12

月上旬,选择优良茭白品种种植在寄秧田中;翌年3月中旬至4月上旬,在设施棚内培育番茄苗,4月底至5月中旬定植番茄,7月上旬至11月底采收。

4.栽培技术

(1)高山茭白栽培技术

①整地施肥。前茬收获后及时翻耕,耕深20～30厘米。定植前7～10天,每亩施用经无害化处理的农家肥1 000～2 000千克和硫酸钾型复合肥(15-15-15)50千克,或商品有机肥500～1 000千克。灌水后耙平,达到田平、泥烂。

②选种和寄秧。选择排灌方便、平整、土壤肥沃、保水的田块做寄秧田。

③定植时间。单季茭白宜于4月20日之前定植,双季茭白宜于3月底以前定植。

④定植方法。从寄秧田中把种墩挖起,将种墩用刀分割成含2个或3个薹管的小墩,移栽入大田,穴距40～50厘米,行距80～110厘米;或宽窄行定植,穴距40～50厘米,宽行距90厘米,窄行距60厘米。

⑤田间管理。

补苗间苗。返青后,及时补齐缺棵。苗高15～25厘米时,及时间苗,去除弱苗、小苗、过密丛苗。单季茭白每墩保留8～10株健壮苗,每亩保留有效分蘖苗15 000～18 000株;双季茭白每墩保留10～12株健壮苗,每亩保留有效分蘖苗18 000～24 000株。

水分管理。定植后至返青前,田间保持湿润;返青后至分蘖前期保持3～5厘米水位;分蘖后期保持10～12厘米水位;定苗后搁田至土壤表层出现细小的龟纹裂,搁田后灌水至5厘米水位;孕茭期逐步水位加深到15～20厘米,但不能超过茭白眼。双季茭白夏茭采收后,保持2～3厘米

水位,分蘖后期水位控制在10～12厘米,分蘖期间搁田1次或2次,孕茭期水位控制在10～12厘米,采收期水位控制在3～5厘米;茭白采收后,逐渐降低水位;越冬期保持浅水或湿润状态。

追肥。生长季节,追肥3～5次。萌芽后至分蘖前,每亩施用尿素5～10千克;定苗后,每亩施用尿素10～20千克、三元复合肥20～25千克;孕茭初期,每亩施用三元复合肥20～30千克;双季茭在夏茭采收后至分蘖前,每亩施用尿素5～10千克,分蘖后期,每亩施用尿素10～15千克、三元复合肥20～30千克。

除草。宜选择人工除草和茭田养鸭除草方式,在定植成活后耘田除草。

⑥采收。孕茭部位明显膨大,紧裹的叶鞘即将裂开或刚裂开时为采收适期。一般单季茭白采收期为7月下旬至9月下旬;双季茭白夏茭采收期为6月上旬至7月下旬,秋茭采收期为10月上旬至11月上旬。

(2)高山番茄栽培技术

①土壤处理。茭白采收后,排干田水,深翻冻垡。

②育苗。3月中旬至4月上旬,在设施棚内播种育苗。

③定植。

整地。4月中旬,每亩施用商品有机肥300～400千克、硫酸钾型复合肥(18-7-20)25～30千克、生石灰50千克,均匀撒施后,耙碎整平,做成畦面宽70～90厘米、高15～20厘米,沟宽50厘米的栽培畦,覆盖地膜。

定植时间。4月底至5月中旬,当地温稳定在12℃以上时即可定植。

定植密度及方法。选择晴天定植,每畦栽两行,行距40～50厘米、株距35～40厘米,每亩定植2 400～3 100株。定植后浇透水,用土封严定植穴。

④田间管理。

水肥管理。定植 3 ~ 5 天后,视墒情浇 1 次水;第 1 穗果膨大后,每隔 10 ~ 15 天追肥 1 次,每次每亩追施水溶肥(16-6-30+TE)5 ~ 10 千克。

搭架与整枝。株高 30 ~ 40 厘米时,用细竹竿设立支架,并及时引蔓上架、绑蔓。采用单秆整枝方式,只留主秆,及时摘除所有侧枝。主秆顶部的目标果穗开花时,留 2 片叶摘心。及时摘除植株下部的老黄叶和病叶。

保果疏果。第 1 穗花开放时,使用防落素、番茄灵等植物生长调节剂处理。

根据果型大小,每穗选留 4 ~ 6 个果实,尽早摘除裂果、僵果、畸形果、病果及多余果实。

防除草。前期人工除草一两次,6 月中旬揭去地膜,用茭白秸秆覆盖在畦上保湿防草。

⑤采收。根据市场需求,结合果实成熟情况,及时采收,一般从 7 月上旬开始采收直到 11 月底采收结束。

5.病虫害防治

(1)主要病虫害

高山茭白主要病害有锈病、胡麻叶斑病等;主要虫害有二化螟、飞虱、椎实螺等。

高山番茄主要病害有疫病、灰霉病、叶霉病、青枯病、枯萎病、病毒病、脐腐病等;主要虫害有蚜虫、潜叶蝇、白粉虱、烟粉虱、蓟马、棉铃虫等。

(2)防治原则

预防为主,综合防治,优先采用农业防治、物理防治、生物防治技术,合理使用化学防治技术。

（3）防治方法

①农业防治。实行水旱轮作,选用抗病品种和壮苗;加强田间管理,改善通风透光条件;合理灌溉,科学施肥;及时除草,清除并集中处理植株残体。

②生物防治。在二化螟成虫羽化始期,每亩放置两三个诱芯;茭白移栽1个月以后,每亩茭田养鸭10～12只,防治椎实螺;保护和利用天敌;使用生物农药。

③物理防治。阳光晒种、温汤浸种;用黄蓝诱虫板诱杀蚜虫、粉虱、蓟马;用频振式杀虫灯诱杀棉铃虫、二化螟成虫等。

④化学防治。番茄主要病虫害化学防治方法参见第七章第一节、第二节。

▶ 第三节　辣椒-羊肚菌周年轮作栽培技术

一　环境选择

选择疏松肥沃、水源充足、保水性强、排灌方便、3～4年未种植过茄科类作物和羊肚菌的地块。

二　品种选择

选用优质、高产、抗病、耐贮藏的品种。

三　茬口安排

安徽地区羊肚菌8—9月制原种,9—10月制栽培种,10月下旬至11月撒播栽培种,翌年1月下旬至3月中下旬采收。辣椒1—3月下旬播种育苗,3月下旬定植,5—7月中旬收获。

四 栽培技术

1.辣椒栽培技术

（1）播种育苗

①苗床准备。播前对育苗设施进行消毒处理,苗床加设增温保温设施。

②种子处理。播种前晒种1天,晒后用55℃温水烫种,不停搅拌至常温后浸泡6~8小时。将种子捞出后用湿纱布包好,置于28~30℃恒温箱中催芽。

③基质和穴盘选择。采用穴盘基质育苗,选用50孔或72孔穴盘,选用蔬菜育苗专用基质。

（2）播种

70%种子露白后即可播种。穴盘装满基质后,浇水打孔,孔眼深度为1.0~1.5厘米,每穴播1粒种芽,播后覆盖基质,覆盖农膜和无纺布。

（3）苗期管理

①温度管理。通过加温设备、揭盖薄膜及膜上保温材料调控育苗温度。播种后至出苗前,床内温度应控制在白天25~28℃。待50%的种子出苗后,温度控制在白天20~25℃、夜间15~18℃。真叶出现后,温度控制在白天25~28℃。

②湿度管理。出苗前不再浇水,出苗后保持苗床见干见湿,浇水时间宜选择晴天10:00以后。

③光照管理。出苗后,及时揭除其上覆盖物,尽量加强光照,延长光照时间。

④壮苗标准。苗龄60~65天,子叶完整,6片或7片真叶,茎秆粗壮,

根系发达,叶色浓绿,无病虫害。

（4）整地定植

①整地施基肥。结合整地,每亩施用经无害化处理的农家肥3 000～3 500千克或商品有机肥300～400千克、硫酸钾型复合肥25～30千克,均匀撒施。深翻土地,耙碎整平,整墒做畦,畦高10～15厘米、宽1.5米,沟宽40～50厘米。畦面浇透水,铺设滴管带,覆盖地膜。

②定植。3月中下旬选择晴天定植,每畦栽4行,株距35～40厘米,每亩种植3 300～4 000株;定植深度以子叶痕刚露出土面为宜,定植后浇足水,搭设畦面小拱棚,并覆盖薄膜、无纺布等保湿保温材料。

（5）田间管理

①水肥管理。采用水肥一体化技术,定植后缓苗期根据墒情浇水,坐果期适量浇水,采收期加强追肥浇水;门椒坐果后第1次追肥,每亩施用水溶肥5～10千克;以后每隔10～15天追肥1次,每亩施用水溶肥5～10千克。

②温度管理。定植后如遇持续零度以下气温,无纺布上加盖一层薄膜。定植3～5天后密闭棚膜,棚内小拱棚保温覆盖物晚揭早盖;缓苗后棚膜适当通风,并及时揭盖小拱棚上覆盖物,棚内温度白天控制在20～25℃,夜间控制在15～20℃;大棚外夜间气温稳定在10℃以上时,除去棚内小拱棚及覆盖物,大棚外夜间气温稳定在15℃以上时,两侧棚膜保持昼夜通风。

③植株调整。选择晴天,及时去除门椒节位以下所有无效分枝,疏除植株上过密枝。及时搭设支架绑枝或用细绳吊枝。

（6）病虫害防治

重点防治灰霉病、疫病、青枯病、根结线虫病等病害,蚜虫、蓟马、烟青虫、白粉虱等虫害。具体防治方法参见第七章第一节、第四节。

（7）采收

根据市场行情及成熟度要求等，及时采收，前期果实尽早采收。

2.轮作准备

清理塑料等垃圾，辣椒残株直接清除，每亩施撒生石灰50～75千克并暴晒7～10天或喷洒广谱高效低毒杀虫杀菌剂后翻耕，深度25～30厘米。深耕后覆盖塑料膜闷杀10～15天。

3.羊肚菌栽培技术

（1）生产材料

生产中使用的生产原料有木屑、小麦、腐殖土、稻谷壳等。生产用水包括培养基配制用水和出菇管理用水。

（2）栽培设施

大棚内土壤、空气温湿度控制采取喷灌方式。沿棚长方向架设2行或3行微喷设施，喷头间距2.5～3米，高度控制在1.4～1.6米。喷灌时雾化效果以不产生强水流、不冲刷土壤为宜。

（3）菌种制作

①菌种来源及选择。苗种应从具备相应技术资质的供种单位引进。选择抗逆性强优质高产、适合当地栽培的优良菌株。

②菌种扩繁。母种培养基为PDA培养基。原种培养基：小麦50%，稻谷壳20%，木屑20%，腐殖土10%。栽培种培养基：小麦70%，谷壳13%，木屑（刨花）12%，土壤3%，过磷酸钙（五氧化二磷：20%）1%，石膏1%。

③扩繁。

母种接种与培养。将引进的菌种接种到PDA培养基上，接种后置于18～20℃的培养箱中，避光培养7～8天至菌丝长满培养基表面。

原种接种与培养。在超净工作台上将培养后的母种转接到原种培养基上，一般每支可接种4～6瓶。在20℃培养箱内培养18～20天，待菌

丝长满菌瓶后用于栽培种的接种。

栽培种接种与培养。将原种破碎后接入栽培种培养基内,每袋接种原种20~30克。将接种后的菌袋封口后转移至培养室培养。在18~20℃条件下培养25~30天,待菌丝发满菌袋即可进行种植。

(4)外援营养袋制作

①营养袋配方。小麦70%,谷壳(木屑)18%,棉籽壳10%,生石灰1%,石膏1%;或小表70%,谷壳(木屑)20%,高粱9%,石膏1%。

②营养袋制作。将小麦浸泡48小时左右完全泡透后,按配方将各种配料加水混匀至含水量60%~65%,装入长约12厘米、宽约20厘米、薄膜厚度为0.14毫米的聚丙烯或聚乙烯塑料袋后封口,置于高压灭菌器内,在121~124℃条件下灭菌2~3小时后冷却备用。

(5)栽培管理技术

①播种前准备

设施及土壤消毒。温室播种前10天扣棚并翻耕土壤,进行为期一周的高温闷棚,之后进行通风散热;大棚播种前进行土壤深翻暴晒。翻耕土壤前根据不同土壤pH撒施适量生石灰进行消毒,并将土壤pH调节至6.5~7.5。

做畦。将温室或大棚内土壤整理消毒后按畦面宽80~100厘米、垄高20~25厘米、沟宽20~30厘米的规格做畦。

灌水。播种前使用喷灌方式将畦面及垄沟土壤用水喷透,待设施内土壤含水量在23%~30%时即可播种。

②播种

菌种处理。播种前将栽培种外包装、盛装栽培种的盆具、双手等用0.3%高锰酸钾或75%医用酒精消毒后开启栽培种菌种袋,取出菌种放置到消毒后的器具内,将菌种人工掰碎或用菌种破碎机破碎后备用。

播种方式及播种量。采用条播或撒播方式。播种量为每亩300～400千克。

条播。播种时在畦面上开宽8～10厘米、深5～6厘米的播种沟,播种沟间距15～20厘米,将破碎后的菌种撒入沟内,覆土耙平。

撒播。将菌种均匀撒于畦面后覆土2～3厘米。

覆膜。播种后及时覆盖黑色地膜。地膜在覆盖之前进行打孔,孔径1.5～2.0厘米,孔间距25厘米左右。大棚栽培在浇过催菇水后撤去地膜并沿畦面搭建小拱棚,在小拱棚覆膜前打孔,孔径1.5～2.0厘米,孔间距20～25厘米。

③田间管理

菌丝生长期管理。菌丝生长阶段将地温控制在5～18℃,最适温度为8～15℃;土壤含水量控制在20%～30%,空气湿度保持在70%～80%;覆盖遮阳网遮阳,遮阳率70%～80%;在阴天或傍晚时对棚室进行通风换气,以调节设施内温湿度,增加棚室氧气浓度,降低二氧化碳浓度。播种后7～20天菌丝布满畦面后揭开畦面地膜,在畦面上放置营养袋后将地膜复原。营养袋与地面接触一侧开8～12个孔或用刀破开3道口,沿畦面双列交叉摆放,间距35厘米左右。营养袋放置40天左右出现空箧、变轻即可撤掉。

出菇期管理。播种后40天左右菌丝在地面开成大量白色霜状物后撤去地膜,并及时喷灌催菇水。土壤温度控制在5～15℃,空气温度控制在20℃以内;土壤含水量保持在30%～40%,空气相对湿度保持在80%～90%;幼菇形成后,适当降低遮阳率至60%～70%。地温控制在10～18℃,气温保持在15～20℃;土壤含水量保持在25%～30%,空气相对湿度保持在70%左右。温湿度调节通过改变遮阳网覆盖度、适时喷雾和适当通风换气来实现。

(6)病虫害防治

①主要病虫害。主要病害有绿霉病、白霉病等真菌病害和软腐病等细菌性病害;主要虫害有菌蝇、蕈蚊、蛞蝓等。

②防治原则。贯彻预防为主、综合防治的植保方针,主要采用农业和物理防治措施,合理使用药剂防治措施。

③综合防治措施。绿霉病、白霉病等真菌病害和软腐病等细菌性病害通过温湿度调控,加强通风等措施控制;菌蝇、蕈蚊可选用4.5%高效氯氰菊酯氰菊酯微乳剂1 500倍液喷雾防治,蛞蝓可采用撒施生石灰进行防治。

(7)采收

羊肚菌籽实体膨大后,待菌帽充分打开轮廓分明后适时采收。用经消毒的非金属刀具沿畦面切断菌柄进行采收,并及时进行清洁和分拣等预处理。

第四节　大棚番茄-小青菜-芹菜高效栽培技术

一　茬口安排

番茄于每年1月上中旬播种,2月下旬至3月上旬定植,7月上旬采收结束;小青菜于每年7月下旬播种,8月下旬采收;芹菜于9月上中旬播种,12月中下旬采收。

二　品种选择

番茄宜选择耐低温和弱光、抗病性强、商品性好的品种;小青菜宜选择耐热、抗病的品种;芹菜宜选择抗逆性强的品种。

三 番茄栽培技术要点

1.播种育苗

播种前晒种1天。用约55℃热水烫种消毒15分钟,并不停搅拌。低温季节,将经过消毒的种子置于25～30℃温水浸泡6～8小时后捞出洗净,沥干种子表面水分,用湿布包裹,置于25～30℃环境下催芽。在催芽过程中,每天用清水冲洗种子一两次,待70%的种子露白后即可进行播种。

播前对育苗设施进行消毒处理,低温季节加设增温保温设施,高温季节加设降温设施。采用穴盘基质育苗,选用蔬菜育苗专用基质,选用50孔或72孔穴盘。将育苗穴盘装满基质后,浇水打孔,孔深1.0～1.5厘米,每穴播1粒种子或种芽,其上覆盖基质。

出苗前覆膜保湿,低温季节膜上覆盖无纺布等保温,高温季节膜上覆盖遮阳网;出苗后及时揭去覆盖物。通过加温降温、揭盖薄膜及膜上保温或遮阳、通风换气,调控育苗温度和光照环境。出苗前温度保持在25～30℃,苗期白天温度保持在20～25℃,夜间温度保持在10～15℃。苗期保持土壤湿润,避免忽干忽湿。当幼苗长出五六片真叶、子叶平展、茎秆粗壮、叶色深绿、根系发达时即可移栽。

2.整地定植

选择地势高燥、排灌方便、土层深厚、疏松肥沃、3年以上未种植过茄科作物的地块。在前茬作物收获后,结合土壤深翻(翻耕深度为30～40厘米),每亩施用经无害化处理的农家肥3 000～3 500千克或商品有机肥300～400千克、硫酸钾型复合肥(18-7-20)25～30千克。均匀撒施,深翻土地,耙碎整平,做成宽70～80厘米、高10～15厘米的栽培畦,沟宽50厘

米,铺设滴灌带,覆盖地膜。当幼苗长出五六片真叶、子叶平展、茎秆粗壮、叶色深绿、根系发达时即可移栽。每畦栽两行,株距35~40厘米,每亩定植2 500~3 100株。定植后浇透水,缓苗后用土封严定植穴。

3. 田间管理

（1）温度、光照、二氧化碳浓度管理

番茄幼苗定植后1周内,白天棚内温度控制在25~28℃,夜间棚内温度不低于15℃;缓苗后要适当降低大棚温度,棚内温度控制在白天20~25℃,晚上不低于10℃。

保持棚膜清洁,冬春季节白天及时揭开保温覆盖物,日光温室后部挂反光幕,尽量增加光照时间和强度。

冬春季节选择晴天9:30—12:00、设施内温度20℃以上时增施二氧化碳气肥,使设施内的二氧化碳浓度为1 000~1 500毫克/千克。

（2）水肥管理

采用水肥一体化技术,结合浇水进行追肥。定植3~5天后,浇1次水;第1穗果膨大后,每隔10~15天追肥1次,每亩每次追施水溶肥（16-6-30+TE）5~10千克。

（3）植株调整

待番茄株高30~40厘米时,设立支架或吊蔓绳,并及时引蔓、绑蔓。采用单秆整枝方式,只留主秆,及时摘除所有侧枝。主秆顶部的目标果穗开花时,在最后一穗花后留2片叶摘心。及时摘除植株下部的老黄叶和病叶。第1穗花开放时,使用防落素、番茄灵等植物生长调节剂处理花穗。根据果型大小及产品要求,适当疏果;尽早摘除裂果、僵果、畸形果、病果及多余果实。

（4）病虫害防治

大棚番茄的主要病害有猝倒病、立枯病、早疫病、晚疫病、灰霉病、叶霉病、青枯病、枯萎病、病毒病等；主要虫害有蚜虫、蓟马、潜叶蝇、茶黄螨、白粉虱、烟粉虱、棉铃虫等。遵循"预防为主,综合防治"的病虫害防治原则,优先采用农业防治、物理防治、生物防治措施,辅以科学的化学防治措施。其中,灰霉病、菌核病可用50%速克灵可湿性粉剂或50%扑海因进行防治;早疫病、晚疫病可用百菌清或烯酰吗啉进行防治;病毒病可在番茄幼苗定植前后喷施20%病毒A可湿性粉剂或1.5%植病灵乳油进行防治;蚜虫可用吡虫啉可湿性粉剂或啶虫脒或抗蚜威可湿性粉剂进行防治;潜叶蝇可用灭蝇胺或乐斯本进行防治。

4. 采收

若是近距离供应,可在番茄果实进入红熟期后,分批采收上市;若是远距离供应,可将采收期提前至番茄果实绿熟期,以方便果实运输。

（四）小青菜栽培技术要点

1. 土壤消毒杀菌

待前茬大棚番茄采收后,及时清理棚内残株落叶,然后每亩均匀撒施有机肥1 500～2 000千克、石灰氮70～100千克,再深翻30厘米,做畦、覆盖地膜、灌水后,关闭大棚进行闷棚(闷棚需持续15天以上,且要求至少有连续5天的晴好天气),以利用太阳、生物、化学产生的热能,有效杀灭棚内土壤和有机肥中的虫卵和病菌。闷棚结束后,揭膜通风5天,有条件的种植户可在青菜播种前施用适量的生物菌肥,以改善棚内土壤理化性状。

2. 播种

小青菜种子可直接均匀地撒播在畦面,播后覆盖厚1厘米的营养土,并盖上遮阳网,出苗后揭掉遮阳网。

3.田间管理

大棚小青菜在夏季生长期短,在基肥充足的情况下,一般无须追肥,只需视墒情于早晚浇水即可。大棚小青菜生产上主要防治蚜虫、菜青虫、夜蛾类、黄条跳甲等害虫,可使用防虫网、黄板等物理防治措施进行防治。在虫害较重时,蚜虫可用吡虫啉或苦参碱进行防治,菜青虫可用苏云金杆菌杀虫剂或阿维菌素进行防治,甜菜夜蛾可用氟啶脲或5%甲氨基阿维菌素苯甲酸盐乳油进行防治,黄条跳甲可用马拉硫磷或辛硫磷乳油进行防治。

4.采收

大棚小青菜宜根据市场行情及时分批采收上市。

五 芹菜

1.播前准备

前茬小青菜清理后,结合深耕,每亩施用腐熟有机肥2 500~3 000千克作基肥,然后做畦,一般6米宽大棚做3畦或4畦。播种前畦面需浇透水,待水下渗、畦底部有水流出时,即可进行播种。

2.播种

播种前,芹菜种子需选择晴天晒种2~3天,然后把种子放入48℃的温水中浸烫30分钟,并不断搅拌,然后将种子放于清水中浸泡24小时。浸泡后的种子用清水冲洗2次,然后用干净的湿纱布包好,放在冰箱冷藏室内(温度为4℃)处理3~5天,要求每天冲洗1次。待约有30%的种子发芽时即可进行播种。芹菜种子一般采用撒播方式,每亩播种250~300克,撒播时可在种子中拌入3~5倍体积的细土或细沙。芹菜播种后,应覆盖0.8厘米厚的细土并平铺覆盖遮阳网,芹菜种子出苗后,应及时揭开遮阳网。

3.间苗移栽

根据芹菜种子的出苗情况,适时进行间苗移栽,一般株行距为20厘米×25厘米。

4.田间管理

（1）水分管理

芹菜根系分布较浅,植株耐旱性较差,故在幼苗间苗移栽后需勤浇小水(气温较高时在早晨或晚上浇水,气温较低时在中午浇水)。此外,芹菜采收前1～2天需浇小水,以保持植株鲜嫩。

（2）施肥

芹菜根系吸肥能力较弱,但需肥量较大,故幼苗间苗移栽后需勤施薄肥。具体方法:缓苗后施用提苗肥,每亩随水施用硫酸铵10千克,然后每隔15天追肥1次,每次每亩追施尿素10千克、硫酸钾10千克,共追施3次或4次;为防止芹菜因缺硼而发生叶柄劈裂的现象,在做好覆盖以防止降温、保持土壤湿润的同时,每亩施用硼砂500～700克。

（3）病害防治

大棚芹菜的主要病害有立枯病、菌核病、软腐病、病毒病、叶斑病,其中,立枯病可用百菌清可湿性粉剂或杀毒矾可湿性粉剂进行防治,菌核病可用50%速克灵可湿性粉剂进行防治,软腐病可用农用链霉素进行防治,早疫病、晚疫病可用烯酰吗啉进行防治,叶斑病可用苯醚甲环唑进行防治。

5.采收

一般在芹菜播种100～120天后、植株长到35～40厘米高时,即可齐根收割上市。

第六章

茄果类蔬菜机械化信息化生产技术

茄果类蔬菜指茄科以浆果为产品的蔬菜,主要包括番茄、辣椒和茄子。全程机械化生产流程包括:精细耕整→机械旋耕→启垄作畦→覆盖地膜→穴盘育苗→机械移栽→田间管理(水肥、植保)→采后运输。

▶ 第一节　机械化育苗技术

茄果类蔬菜育苗过程主要包括基质成型、种子撒播、催芽、苗期管理和嫁接等环节。蔬菜育苗方式主要包括穴盘式育苗和基质块育苗。在育苗技术处理上主要注意种子的提前处理和精量播种,以及出苗后对幼苗的管理等。

一　播前准备

1.栽培系统的构建

封闭式无土栽培系统,包括栽培槽系统和水循环系统两部分。栽培槽系统包括高脚式栽培槽,从下往上依次设置的起支撑作用的多孔隔板、起过滤作用的多孔材料、珍珠岩和带有定植孔的盖板,盖板将栽培槽的开口完全盖住,栽培槽的下表面设有向下突出的圆柱形排水口。

水循环系统包括营养液池、水泵和循环管道,水泵与供水主管、供水支管依次连接,回水支管和回水主管依次连接;栽培槽下方配一根供水支管和一根回水支管;在供水支管上设有同定植孔相同数目的供水毛细软管,供水毛细软管末端插入栽培槽的定植孔;回水支管上设有的圆孔依次与栽培槽底部的圆柱形排水口相连接。定植前应对封闭式无土栽培系统进行试水,以保证灌溉系统通畅,能冲刷基质中的杂质。珍珠岩应选择大小在0.3~0.5厘米、颗粒均一的产品,每个栽培槽放入珍珠岩约9升,定植时南北向定植,两行栽培槽的东、西行距为150~160厘米,每个栽培槽定植2棵,南北向株距为40厘米。

2.育苗环节

根据茄果类蔬菜种子的形状特点,采用针式吸排种技术,选用穴盘精密播种流水线,主要技术参数见表6-1。穴盘精密播种流水线集自动上土、洒水、播种、覆土等功能于一体,可以一次性完成小粒种子育苗播种的各道作业工序,采用了真空负压滚筒气吸技术,实现了小粒种子的精量播种,产品自动化程度高。(图6-1)

表6-1　穴盘精密播种流水线主要技术参数

小时生产率	600盘/小时
深度	20~25毫米
覆土厚度	20~35毫米
播种方式	自动吸气滚筒式
作业流程	铺土、施肥、压穴、播种、覆土、洒水

图6-1　穴盘精密播种流水线

二 定植

1.环境调控

茄果类蔬菜栽培过程中的温度、光照强度、空气湿度、二氧化碳浓度、光照等均是生长的重要环境指标,采用智能化的组合调控方案对高品质、高产量茄果类蔬菜的栽培具有重要意义。下面以番茄为例,详细描述茄果类设施蔬菜种植中的环境调控。

(1)加温:大棚热泵系统

在各种温室中,通风是决定内部气候的重要因素之一。夏季高温,可利用通风来交换温室内外气体,在转移室内热量的同时降低室内过高的温度和湿度。冬季湿度较高,需要通风以降低湿度。另外,对于作物还需要利用通风来补充温室中的二氧化碳,从而以新鲜空气促进作物的生长和抑制病虫害的发生。

能将低位热源的热能转移到高位热源,通常是从自然界的空气、水或者土壤中获取低品位热能,经过电力做功,然后再向生产提供可被利用的高品位热能。由于地表浅层(地下15～400米)土壤的温度基本保持在15℃,可在浅层土壤埋设换热管道(埋管深度为90米),在冬季通过水温较低的循环水来吸收浅层土壤的热量,利用压缩机组将水温提升至30～45℃,然后输送至温室内的风机盘管向室内供热。

(2)通风:风机系统

温室内空气湿度和二氧化碳浓度是影响作物生长的重要因素,通风作为调节空气湿度、二氧化碳浓度、温度的重要手段发挥着不可替代的作用。风机系统(图6-2)利用风机气流作为动力,强制实现温室内外气体交换。通风机是风机系统中的主要设备,根据通风原理的不同,风机系统可分为进气通风、排气通风、进排气通风三种。

图6-2 降温风机系统

（3）水肥管理：水肥一体机

基质培水肥机（图6-3）适用于常规基质培和同时较大面积不同品种种植。在配合基质使用时，该设备拥有更大的灌溉量，同时也可进行手动和自动控制。主要功能包括：

①可同时用在对EC、pH精度有要求的双大营养池模式（基质培）和边配边灌溉（基质培）的场合。

②大液晶触摸屏［10英寸（25.4厘米）］，实现人机操作，数据采集存储、控制等功能。（图6-4）

③配有8肥1酸（可同时4肥1酸工作）加肥通道：带有高频高精度脉冲施肥阀、可调流量计及文丘里加肥器。

④手动模式。单次定时灌溉，灌溉区域可任意设定，吸肥量可手动调整，EC、pH作监示、控制用。

⑤自动运行模式。按设定EC、pH自动精准配肥输出，按计划进行灌溉。

⑥报警功能。EC、pH超过上下限报警。

⑦单pH/EC测控系统与脉冲阀配合，通过智能计算，稳定精准自动配肥。

⑧满足两种工程安装方式：池模式、直灌式。池模式：配肥（到水池）

与灌溉可分开也可联动。最多可配AB双肥水池,配肥可手动也可自动,自动配肥时与灌溉同步。直灌式:水、肥在桶内混合后,直接灌溉。

⑨有两种灌溉方式:分区灌溉(阀组群为区)、独立灌溉(按单阀进行灌溉)。分区灌溉:任何灌溉计划可设5个时间段,最多可设20个灌溉计划,每个计划可同时选多个灌溉区(最多16个灌溉区标配28个灌溉阀,灌溉区域与灌溉电磁阀可任意组群,阀最多为128个。可任意组成16个灌溉区)。支持多种方案精确定时灌溉、多任务轮循灌溉(可任意选择灌溉区域)。独立灌溉:按阀进行单灌(每个阀可设定灌溉时间),可任意设多个时间段灌溉,每个时间段可同时选多个灌溉阀,标配28个灌溉阀。支持精确定时灌溉、多任务轮循灌溉。

⑩可设定90个种植品种施肥配方共540个。有EC模式、EC模式+比例、EC+pH、EC+pH+比例、纯比例等多种高精度配肥灌溉模式。

⑪标配配肥变频器,可稳定调整配肥泵的工作状态。直接灌溉时,利用变频可提供恒压输出。

⑫可以手动定时灌溉清水、可一键急停,清水泵、施肥泵均有手动、自动、停止功能,安全可靠。

⑬肥路上均配有叠片式过滤器。另配有肥通道检测装置。肥桶液位检测报警、水池液位检测及自动补水等。选配手机App+PC端远程控制。

主要参数配置如下:

①施肥泵:10米^3/小时,扬程45米,380伏/2.2千瓦。实际灌溉流量为5~8米^3/小时。

②配有4肥1酸吸肥通道,最多可接8肥+1酸肥桶,16个灌溉区(28个阀门控制),共28路阀输出(AC24伏)。每小时可同时最大吸肥不少于5×600升。

③可控制最大功率不超过380伏/4千瓦的清水泵、灌溉泵各1台。

④混合桶：0.25米³。

图6-3　基质培水肥机

图6-4　App操作界面

（4）光照：LED补光

冬季日照时长缩短、雾霾和阴雪天气等因素，容易使温室内的作物长期处于弱光环境，影响正常的光合作用，导致作物生长缓慢、植株同化作用削弱、减产甚至死亡，这时候有必要对其进行人工补光。适宜作物生长的光照条件主要受光质、强度和日照时长等因素影响。可以使用温室光照智能控制系统。对于番茄来说，每天以保证16小时的光照为宜。

考虑到温室大棚的结构、朝向和遮挡等问题，可采取分区管理模式，根据每个区域的环境情况，实施不同的补光策略，使补光更加精准。为使补光的效果更均匀，可采用冠层补光方式，控制LED与作物的高度 H

保持在50～70厘米的范围,分区的跨度为L,一般范围在4～6米,使补光更加充分。

2.定植－缓苗期

番茄定植后7天之内,管理的重点是改善土壤透气条件,减少叶面蒸腾量,调节好温度,尤其要调节地温,以加快生根,促进缓苗。

(1)越冬茬和冬春茬番茄缓苗期管理

应以提高温室温度、防寒为重点。定植后随即进行一遍中耕松土后,覆盖地膜,把温室温度调节为昼温25～30℃,夜温15～17℃,10厘米地温夜间16～20℃。午间气温不超过32℃,达到32℃时应立即通风降温。

(2)秋冬茬(秋延茬)和越夏茬(伏茬)

管理的重点是遮阳降温,减轻叶面蒸腾;松土通气,以利于根呼吸和发生新根;避雨和防风雹,防虫害。

(3)具体管理措施

定植后不盖地膜或推迟盖地膜,第2～3天及时中耕松土。在棚室前坡面先盖上遮阳网(蓝色的最适宜,其次为银灰),推迟盖棚膜;5～6天以后揭去遮阳网,盖上棚膜昼夜通风,棚内气温控制在白天22～27℃、夜间14～17℃。在浇足定植缓苗水的基础上,一般此期不灌水。若伏茬番茄此期遇干热风天气,秧苗表现干旱,可于晴日上午轻洒浇遍。冬茬番茄定植期因汛期尚未结束,在大雨到来之前必须盖好棚膜防雨。同时,注意昼夜通风,使棚室内空气湿度维持在60%左右。

3.缓苗后－开花坐果期

(1)温度

番茄为喜温性蔬菜,正常条件下最适生长发育温度为15～29℃,光合作用最适温度为20～25℃。当温度低于15℃时不能开花,或开花后授粉受精不良,从而导致落花等生理性障碍发生;当温度低于10℃时,植株停止生长;当温度长时间低于5℃时,会引起低温危害;−2~1℃时,受冻而死;当温度高于35℃时,开花、结果都会受到抑制,生殖生长受到干扰和破坏;短时间的40℃高温导致落花落果或果实发育不良。

（2）水分

番茄需水量较多,但是不需要大量灌溉。幼苗期和开花前水分过多会导致幼苗徒长,影响结果;第1花序果实膨大生长后,需要增加水分供应;结果期浇水要足,切忌忽干忽湿。

（3）光照

番茄喜光而耐阴,开花期光照不足会导致发育不良、落花落果。结果期在弱光下,坐果率会降低,单果重下降,产量低,容易产生空洞果和筋腐果。番茄为短日照植物,花芽分化期间要求短日照,多数品种在11~13小时的日照下开花较早,植株生长健壮。16小时的日照对其生长效果最好。

4. 开花坐果期−采收初期

（1）温度管理

花期最适宜温度为25~28℃,一般在15~30℃的范围均能正常开花结果。如果温度低于15℃或高于33℃就容易发生落花、落果,气温低时要做好保温工作。

（2）光照管理

番茄是强光植物,光照不够也会造成落花落果,因此花期要保证充足的光照。

5. 采收初期−盛果期

（1）加强通风

二氧化碳是光合作用的主要原料,只有二氧化碳充足,番茄才能制

造更多的有机物,果实才能积累足够的养分,才能充分成熟着色。大棚生产番茄,要保证棚温适宜,要加大通风量,延长通风时间,低温时段不能通风,要使用二氧化碳发生器进行补充。

(2)增加光照

太阳光是光合作用的能量来源,是番茄健壮生长、正常成熟的保障,也是果实着色的动力。在保证棚内温度的前提下,大棚保温被要早卷晚放,尽量延长光照时间,连续阴雨天气最好采取灯光补光措施。

6.盛果期—拉秧

(1)控温

在番茄花期,适宜的气温是白天25～30℃、夜间20～15℃,低于15℃或高于35℃均易造成落花落果或生理畸形果。温度高时要加大通风口。

(2)控湿

此时已过蹲苗期,需水量大增,应及时补给水分,避免忽干忽湿,保证水分均衡供应。采用物联网模式将各种传感和调控设备应用在番茄设施栽培管理中,可以极大地提高工作效率。

▶ 第二节　机械化耕种技术

一　整地机械

目前,市面上常见的整地机械包括起垄机、灭茬机、合墒器、镇压器和耙等。不同的整地机械适用的农田场景不同。

1.起垄机

起垄机主要用于进行蔬菜类的田间耕后起垄作业,主要参数见表6-2。起垄机具有垄距、垄高、起垄行数、角度调整方便、配套范围广、适

应能力强等特点。(图6-5)

表6-2 起垄机主要参数

配套动力	37～63千瓦
垄高	150～250毫米
垄面宽	1 200～1 250毫米
行数	1行

图6-5 起垄机

2. 合墒器

合墒器(图6-6)是一种与铧式犁配套进行耕整作业的机具,一般用的大多是圆盘式平地合墒器。该设备有一组球面圆盘排列在同一平面上,工作时圆盘平面与机组前进方向成一定夹角,使土壤由右向左逐渐传递,完成碎土保墒、平整地表和合墒。

图6-6 合墒器

（1）合墒器的使用方法

①开墒时，要把合墒器前部调深一些，以减小伏脊的高度，起到平整作用，开墒后再前后调成一样的深度。

②耕翻每一行程时，都要用合墒器刮一层耕后的土，积存在已耕地的犁沟边，以备最后合墒时填平墒沟。不能用狠刮最后一行程的土来填墒沟的方法进行合墒，这样表面上看墒沟填平了，实则呈倾斜状，造成整体不平。

③合墒器的圆盘刃口与机组前进方向的角度要合适，以便与前一犁接好茬，使土由右向左逐渐传递，以防阻力增大，损坏圆盘。

④要固定已调整好的角度和深度，否则一犁与一犁之间难以保持平整。但合墒时，应适当加大角度和入土深度，以便使墒沟边上的土顺利填到沟里。这样耕后的地块，地表平整、不留墒沟。

⑤用小四轮拖拉机耕地机组配合合墒器时，一定要选用双臂式，不能用独臂式，前者的调节作用和效果更好。

⑥每班保养时，各圆盘都应加注黄油，加油时以挤出旧油为止；调节机杠时可用废机油润滑。

（2）合墒器的维护和保养

①应及时清除圆盘上粘挂的泥土或杂草，使圆盘正常工作。

②零件如有变形和损坏的应及时修复或更换新件，各紧固螺丝如有松动应立即拧紧。

③每经一两个作业季节后，应对调节螺丝扣进行清洗并用黄油润滑。

④每经一个作业季节后应拆下团盘部装件，将轴套缓缓压出，进行浸油处理。

⑤平地合墒器不用时,应将其保管好,入库前必须清除尘土,圆盘工作表面和丝扣要涂上防锈剂,螺丝处涂上润滑油,最好将机具放在室内。

3.灭茬机

灭茬机(图6-7)是专门除去收割后遗留在地里的作物根茬的机器。一般较为常用的是旋耕灭茬机,它是专用于配后动力输出拖拉机的一种集旋耕和灭茬于一体的机械,拥有两种作业速度,通过高低挡变换速度,对农田进行作业,最终传动刀轴可安装旋耕刀轴也可安装灭茬刀盘,实现旋耕作业或灭茬作业。其主要参数见表6-3。

图6-7　灭茬机

表6-3　灭茬机主要参数

配套动力	37~63千瓦
垄高	150~250毫米
垄面宽	1 200~1 250毫米
行数	1行

(1)第一类机型

三点悬挂,中间齿轮主传动,与13.2~25.7千瓦拖拉机配套,前轴灭茬,后轴旋耕,适用于旱田的灭茬、旋耕、起垄等复式作业,也可以用于水田的旋耕地作业。耕幅1.4米,灭茬深度6~8厘米,旋耕深度10~16厘米;灭茬刀轴转速每分钟415转,旋耕刀轴转速每分钟240转。

(2)第二类机型

可与45.8~52.8千瓦拖拉机配套,是由拖拉机动力输出轴驱动的双轴耕地灭茬机具,其利用前刀轴灭茬、后刀轴耕地、再起垄的多功能作业,从而减少拖拉机下田次数,提高工作效率。该机结构紧凑,工作可靠,起垄时垄形规整;装上拖板工作地表平整;碎土覆盖性好,油耗低,对土壤湿度适应范围广。耕幅1.8米;灭茬深度5~8厘米,旋耕深度12~16厘米;起垄数3垄;起垄高度15~20毫米。

(3)第三类机型

可与13.2~22.1千瓦拖拉机配套,主要适用于埋青、秸秆还田或在大中型联合收割机作业后的稻麦高留茬田块进行反转灭茬、正转旋耕、三麦条播、半精量播种、化肥深施等作业。耕幅1.25~1.40米;耕深8~14厘米。

4.镇压器

镇压器(图6-8)具有结构简单、设计合理、使用方便等特点,能收到对起垄地扶正、压实、保墒、保苗的良好效果,特别是能使喷洒的封闭农药得以完全吸收。其主要用于小麦播种后镇压、压碎土块、压紧耕作层、平整土地等作业。压后地面呈"U"形波状,波峰处土壤较松,波谷处则较紧密,松实并存,具有良好的保墒作用。其能使苗齐、苗全、苗壮,安全越冬,增产,丰收,抗倒伏。

图6-8 镇压器

（1）圆筒镇压器

工作部件是石制（实心）或铁制（空心）圆柱形压磙，能压实3~5厘米的表层土壤，表面光滑，可减少风蚀。

（2）"V"形镇压器

工作部件由轮缘有凸环的铁轮套装在轴上组成，每一铁轮均能自由转动。一台镇压器通常由前、后两列工作部件组成。前列直径较大，后列直径较小，前后列铁轮的凸环横向交错配置。

（3）锥形镇压器

工作部件由若干对配装的锥形压磙组成，每对前、后两个压磙的锥角方向相反，作业时对土壤有较强的搓擦作用。

5.耙

耙是用于表层土壤耕作的农具。耙由挂接器、牵引架、框架、耙齿等组成（图6-9）。耙齿是耙的工作部件，也是各种耙的区分部件，是具有不同形状和功能的钉齿或铁轮。牵引架与挂接器以纵向水平轴相铰接，挂接器上有垂直插孔与拖拉机的牵引插销相铰接，框架上有载重装置可加载重物。耙成本低廉，适应地表情况好，田间转向灵活。

图6-9　圆盘耙（左）、钉齿耙（中）、往复驱动耙（右）

二　移栽机械

移栽前需要对苗适当浇水，以利于栽培。根据茄果类蔬菜农艺性状要求，调节移栽行距、株距及深度，深度以子叶痕刚露出土面为宜。

蔬菜移栽机械根据自动化程度可以分为手持式移栽器、半自动移栽机、全自动移栽机,根据结构的特点又可以分为钳夹式移栽机、链夹式移栽机、导苗管式移栽机、吊篮式移栽机、挠性圆盘式移栽机、鸭嘴式移栽机。

1.手持式移栽器

一般为不锈钢材质,高度90厘米,种植筒直径7.6厘米。(图6-10)

图6-10　手持式移栽器

该设备具有如下优点:

(1)小巧灵活、外形美观、结构新颖紧凑、使用材料合理等。

(2)使用专用的苗箱(营养钵规格为4米×4.6米×4.6米),便于工厂化育苗,也利于"三化"。

(3)实现全自动栽植,工作准确可靠,维修调节方便。

(4)空心轴套上的调节孔可方便调节行距和更换不同型号的轮胎。无级变速皮带轮,可调节10种株距,移栽深度的调节也比较省力方便。

2.全自动移栽机

全自动移栽机(图6-11)是目前技术含量、成本最高,同时也最大化节省人力的蔬菜移栽机械。该设备是传统移栽机械与北斗导航系统结合的产物,全程不需要过多的人工参与,只需将编好的路径提前输入,根据北斗导航系统的指示,该设备可以独自进行移栽。其主要参数见表6-4。

图6-11 全自动移栽机

表6-4 全自动移栽机主要参数

外形尺寸	2 700毫米×1 400毫米×1 380毫米
株距	300毫米、400毫米、500毫米
深度调节范围	60～120毫米
生产率	1.5～2亩/小时

三 采收机械

机械化的采收方式可以极大地提高蔬菜采收的工作效率,对解放人工、提高农业生产效率有着重要的作用。不同种类蔬菜采收机械的采收原理和设计各不相同。下面主要介绍番茄采收机。

1.番茄收获机

它是从番茄枝上采摘成熟果实并挑选分级的收获机。它包括自动升降台车和各种摘果器等。番茄种类繁多,其生长部位、成熟期等特点差异很大,而且多数果实不耐碰撞。因此,番茄收获机械化难度比较大。目前,采收番茄的方法主要有手工采收、半机械化采收和机械化采收等。半机械化采收是借助于工具、自动升降台车或行间行走拖车,由人工进行采收。机械化采收效率比较高,但是果实损伤严重。采收的番茄如主要用于加工果酒、果汁、罐头等,利用机械化采收经济效益比较高。全自动番茄采收机见图6-12。对于鲜食番茄,为使其具有较好的品质、较长的保鲜期,采用人工或半机械化采收方法比较好。

图6-12　全自动番茄采收机

多工位自动升降台车是在轮式拖拉机或自走式动力底盘上装设多个作业平台,每个平台上的工作人员从不同位置采收果实,平台的升降和位置的转移由液压系统完成。(图6-13)

图6-13　多工位自动升降台工作示意图

2.番茄果品分选机

果品分选是对采收后的果实按照规定的标准进行挑选和分级,目的是使果品的品质一致,便于包装、贮存和销售。

(1)按尺寸特征分选的果品分选机(图6-14):一般使果实沿着具有几种不同尺寸网格、筛孔或缝隙的分选筛面移动,从而依次选出不同级别的果实,并使其分别落入不同的接果器内。

图6-14　果品分选机

（2）按重量分选的果实分选机（图6-15）：利用杠杆平衡原理将果实分级。杠杆的一端铰接着承果斗，另一端的上部用不同重量的平衡重、弹簧秤或砝码压住，下部支撑导杆保持平衡。杠杆中间由铰链支撑点支撑。当落入承果斗的果实重量超过平衡重时，杠杆失去平衡而倾斜，将果实抛到相应等级的收集器内。

图6-15　果实重量分选机

（3）按色泽分选的果品分选机（图6-16）：使果实逐个从电子发光点前面通过，果实的反射光被测定波长的光电管接收，电子系统根据果实的波长分选果品。在规模较大的果品场，果品分选、清选、表面干燥、药剂处理、装箱、称重、贴商标等工序组成流水线作业，其中除装箱由人工进行外，其余工序均由机械完成。

图6-16　单通道电子选果机(左)及双通道电子选果机(右)

▶ 第三节　智能化管控技术

采用智能感知传感器,对设施的各项环境进行实时感知,通过无线信息传输将数字信号传输到管理云平台,经过处理后图形化显示输出,并作为温控、光控、通风等作业的指导依据,以实现温室大棚的智能化管理。

1.实时监测系统

一方面是设施内部的环境监测,包括空气湿度、空气温度、光照强度、土壤湿度、土壤温度、二氧化碳等参数,每分钟采集1次,以数字形式呈现;另一方面是视频监控,利用高清摄像机实现大棚的图像监控。

2.数据存储系统

将通过采集、监控获取的数据和监控画面同步存储在云平台上,生成曲线图,进行设施管理的溯源。

3.设备管理系统

利用智能控制系统,对风机、水帘、遮阳电机、卷膜电机、卷被电机、加温电机、电磁阀门、水泵、水肥一体机等设备进行管理,设备自动运行与调整,查看实时参数和历史运行数据。

4.水肥管理系统

水肥一体化系统根据不同蔬菜的灌水要求设计,主要采用微渗灌和微喷灌方式(图6-17)。采用纳米微渗管 + 主管 + 水肥系统,首部配套文丘里施肥泵,主管采用PVC管,支管采用纳米微渗管,工作水压范围应保持在0.05 ~ 0.10兆帕,以收到微渗效果,实现设施的精细化施肥与灌溉。其主要技术参数见表6-5。

图6-17　蔬菜栽培水肥一体化系统

表6-5　蔬菜栽培水肥一体化系统主要参数

灌溉方式	微渗
纳米微渗管管径	16毫米
微孔径	20 ~ 30微米
给肥方式	文丘里给肥法

5.植保环节

贯彻"预防为主,综合防治"的植保方针,推广使用绿色防治技术,科学合理施用化学农药,超低量精准施药,保证绿叶蔬菜的安全生产,可以采用固定管道式常温烟雾系统,利用常温烟雾技术、雾滴弥漫技术、二相流雾化技术及固定管道恒压输送技术,实现人药分离、农药雾滴超细雾化、棚室内均匀弥漫,收到全面无死角的防治效果。该系统工作效率是传统背负式喷雾器的5倍以上,在实现同等防控效果的前提下可减少化

学农药用量50%以上。固定管道式常温烟雾系统作业要点：该系统具备气体管路、液体管路两套系统,固定安装在设施内,通过快速接头与棚室外集成的液泵、空压机、药箱等供液供气装置对接；利用高速气流产生的负压吸入药液,形成烟雾状在棚内进行弥漫；开始作业前务必检查确定棚内无人。其主要技术参数见表6-6。

表6-6　固定管道式常温烟雾系统主要参数

雾滴直径	20~60微米
喷雾压	0.2~0.6兆帕
喷雾系统辅助气压	0.1~0.2兆帕
单喷头喷射距离	2~8米
作业效率	10~20分钟/棚

第七章

茄果类蔬菜病虫害综合防治技术

第一节　茄果类蔬菜病虫害防治技术

预防为主,综合防治,优先采用农业防治、物理防治、生物防治技术,科学选用化学防治技术。

一　农业防治

(1)完善田间基础建设,确保排灌通常,严防积水。

(2)选用抗病性强、兼抗多种病害的品种。

(3)做好田园清洁、土壤消毒。

拉秧倒茬时,应立即清洁田园,将植株及根系尽可能都清除,以降低致病菌及蚜虫、粉虱、根结线虫等害虫基数;及早进行棚室、土壤消毒,延长休棚休耕时间,让土壤恢复地力,以利于下茬蔬菜生长。

设施棚室及土壤消毒可利用夏季高温进行高温闷棚。具体方法如下:彻底清除棚室后深翻土壤25～30厘米整平地面;每亩施用60～80千克石灰氮,500～1 000千克鸡粪、牛粪、猪粪、菇渣等有机肥,也可施用1 000～3 000千克切碎的作物秸秆加生物菌剂,均匀撒施于土壤表面,进行混翻;要想取得理想的闷棚效果,一定要起大垄整畦后再覆盖地膜,忌平畦覆盖地膜,可每隔1米左右培起1条高30厘米的南北向高畦,灌水至

饱和,覆膜密封,密闭棚室25天以上,然后揭膜透气,翻耕整地,晾晒一周即可定植或播种。

(4)因地制宜进行远缘轮作、水旱轮作。番茄可与茭白、水稻等作物进行水旱轮作,也可与花生、大豆、小麦、玉米等大田作物或者葱姜蒜、芹菜进行轮作。

(5)播种前进行种子处理。播前晒种2天,可提高发芽率。用55℃温水烫种15分钟,期间不断搅拌,然后加冷水降至25℃浸种6~8小时。

(6)进行嫁接换根栽培是防治土传病害、取得高产的有效手段之一。

(7)覆盖地膜,膜下铺设滴灌系统,以降低田间湿度。

(8)加强田间管理,及时清除老叶、病叶,结合农事操作人工摘除虫卵,并集中销毁,减轻其扩散危害。

二 物理防治

(1)采用长效流滴消雾功能膜、避雨棚、遮阳网、防虫网覆盖来预防病虫害。

(2)采用黄(蓝)板(带)和频振杀虫灯等诱杀蚜虫、粉虱、蓟马和鳞翅目害虫。

(3)采用地面全覆盖、加强蓄热保温、通风排湿措施等防治低温高湿病害。

三 生物防治

(1)施用微生物菌肥等,增加根系活性,提高植株抗逆能力等。

(2)因地制宜施用生物农药及印楝素等植物源农药和天敌防治病害。

(3)利用性引诱剂诱杀成虫,大棚放养赤眼蜂治虫等。

四 化学防治

（1）科学诊断，对症防治。选用低毒低残留农药，适时、合理用药，禁止使用高毒高残留农药及其混合配剂和蔬菜生产上禁止使用的其他农药。

（2）注意药剂混用或交替使用，以提高防效。

（3）严格遵守农药安全间隔期。

（4）使用常温烟雾施药机、静电喷雾机、弥粉机等现代高效施药机械，以提高防治效率，降低人工成本。

▶ 第二节　番茄病虫害综合防治技术

番茄主要病虫害有猝倒病、立枯病、早疫病、晚疫病、病毒病、叶霉病、青枯病、枯萎病、灰霉病、根结线虫、烟粉虱、蓟马、蚜虫、红蜘蛛、茶黄螨、斜纹夜蛾、甜菜夜蛾等。

1. 猝倒病

苗期常见病害。发病初期，叶片呈轻度萎蔫状，幼苗茎基部出现暗绿色水渍状病斑，后变成黄褐色并干瘪缢缩，植株倒伏，湿度大时，病部及地面可见白色棉絮状霉。该病蔓延较快。

防治方法：播种前用温汤浸种或用高锰酸钾溶液浸种进行种子消毒，用50%多菌灵或25%甲霜灵可湿性粉剂，或50%福美双可湿性粉剂对床土或育苗基质进行消毒处理；育苗期间做好苗床管理，降低湿度；一旦发病，及时拔出病株，并用75%百菌清可湿性粉剂600倍液或70%代森锰锌可湿性粉剂500倍液，或15%恶霉灵水剂1 000倍液进行药剂防治。

2.立枯病

苗期常见病害。发病时幼苗茎基变褐,病部缢缩变细,茎叶萎垂枯死,但不倒伏,病部初期着生椭圆形暗褐色斑,有同心轮纹及淡褐色蛛丝状霉。

防治方法:播种前用30%甲霜·恶霉灵进行苗床、育苗基质的消毒处理;发病初期选择15%恶霉灵水剂1 000倍液,或20%甲基立枯磷1 200倍液,或5%井冈霉素水剂1 500倍液,或50%扑海因可湿性粉剂1000~1 500倍液,交替使用。注意降低生长环境湿度,控制水分。

3.早疫病

苗期、成株期均可发病。发病后叶面有同心轮纹状病斑,暗褐色,水渍状。茎、叶柄和果实等发病后也有同心轮纹病斑,潮湿时病斑上有黑色霉状物,严重时多个病斑连合成不规则形大斑,造成叶片枯萎。该病多从植株下部叶片开始,逐渐向上发展。

防治方法:用70%代森锰锌可湿性粉剂500倍液或75%百菌清可湿性粉剂600倍液、64%杀毒矾可湿性粉剂500倍液,或10%苯醚甲环唑水分散粒剂,或50%多霉威600~800倍液,或77%氢氧化铜500~750倍液等在发病前预防或发病时防治,每隔7天1次,连续防治3次或4次。保护地栽培,可用45%百菌清烟剂或10%腐霉利烟剂200~250克等烟雾剂在傍晚熏蒸,注意闷棚熏蒸时先开棚排湿20分钟再进行。

4.晚疫病

苗期发病时受害叶柄和主茎呈黑褐色腐烂状,幼苗萎蔫倒伏,病斑从叶尖叶缘开始出现。潮湿时有白色霉状物;干燥时干枯,病斑由褐色转为暗褐色,呈水渍状或云纹状,稍凹陷,病果坚硬。

防治方法:发病前可用波尔多液进行预防,发病初期用75%百菌清可湿性粉剂700倍液、64%杀毒矾可湿性粉剂500倍液、50%扑海因可湿性粉剂800倍液或40%疫霉灵可湿性粉剂300～400倍液或69%烯酰锰锌可湿性粉剂喷雾,每隔7天喷1次,连喷2次或3次。

5.病毒病

田间症状通常表现为花叶、蕨叶、条斑等,花叶型病毒病表现为叶片上出现黄绿相间或深浅相间的斑驳,叶脉透明,叶略有皱缩,病株比健康植株矮。

防治方法:发病初期用病毒A、三氮核苷唑、植病灵、宁南霉素等药剂进行防治。

其中,番茄黄化曲叶病毒病是一种由烟粉虱传播的暴发性、毁灭性病害。番茄黄化曲叶病毒病的防治关键:一是选用抗病品种;二是预防烟粉虱的传播危害,苗期和移栽后1个月左右是防治烟粉虱的关键时期。应选择烟粉虱和病毒病未发生的区域集中育苗或采用60目防虫网隔离烟粉虱,同时喷施噻虫嗪等内吸性药剂防治,移栽前再用噻虫嗪灌根1次;移栽后棚内悬挂黄板,一旦发现烟粉虱,立即进行药剂防治。

6.叶霉病

果实发病时蒂部周围有凹陷较硬的黑色病斑,发病初期叶片背面有不规则黄色褪绿病斑,叶片正面相应的部位会褪绿变黄,潮湿时产生褐色霉层,使叶片枯黄、卷曲,然后脱落。

防治方法:预防番茄叶霉病应当从育苗期开始,每隔10天左右喷1次预防性药剂。番茄的第1～2穗花坐果期要加强预防,每隔7天可以喷1次药。下部叶片出现病斑后,要及早进行治疗。可选用70%代森锰锌可湿性粉剂500倍液或50%速克灵可湿性粉剂800～1 000倍液或10%苯醚甲环唑水分散粒剂喷雾,每隔7天1次,连续防治3次或4次。

7.青枯病

一般开花坐果期开始发病。发病初期,叶片、嫩茎白天萎蔫,傍晚恢

复正常,反复多日后,萎蔫症状加剧,最后呈青枯状枯死,横切病茎会流出白色菌液,湿度大时,病茎上可见初呈水浸状后变褐色的1～2厘米斑块,病茎维管束变为褐色。

防治方法:与十字花科或禾本科作物进行轮作,其中与禾本科作物进行水旱轮作效果最佳;选用抗青枯病品种;加强田间管理,施用充分腐熟的有机肥或生物菌肥等改善土壤微生物群落,每亩施用石灰氮100～150千克,调节土壤pH;及时清洁田园。发病初期可用25%络氨铜水剂600倍液或50%百菌通可湿性粉剂400倍液或50%琥胶肥酸铜500倍液灌根,药剂交替使用,每隔10天灌1次,连续灌根2次或3次。

8.枯萎病

发病初期下部叶片发黄,后变褐干枯,枯叶不易脱落,有时候这种危害症状仅表现在茎的一侧叶片上,而另一侧的叶片仍正常;病茎维管束呈褐色,湿度大时产生粉红色霉层,挤压病茎横切面或在清水中浸泡,无白色黏液流出。

防治方法:与非茄果类作物进行3年以上轮作,通过温汤浸种或药剂浸种进行种子消毒;播种前用多菌灵或甲基托布津对床土或育苗基质进行消毒处理;施用充分腐熟的有机肥,适当增施钾肥。一旦发病,及时拔出病株,发病初期,及时喷洒50%多菌灵或36%甲基托布津500倍液。也可用15%恶霉灵水剂1 000倍液或10%双效灵水剂或12.5%增效多菌灵200倍液灌根,每隔7～10天灌1次,连续灌根3次或4次。

9.灰霉病

开花期为侵染高峰期,低温高湿环境易导致该病害发生。叶片染病自叶尖部开始,沿叶脉呈"V"形向内扩展,茎叶染病初期病斑呈水浸状,后为黄褐色边缘不规则、深浅相间的轮纹,病、健组织分界明显,表面产生少量灰白色霉层;残留的柱头或花瓣常常先被侵染,后向果实或果柄扩展,致果皮呈灰白色,并生出厚厚的灰色霉层。幼苗叶片和叶柄上产生水浸状腐烂物,之后干枯,表面产生灰霉,严重时可扩展到幼茎,使幼茎产生灰黑色病斑,腐烂折断。

防治方法:与非寄主植物轮作,苗期不可与生菜等寄主蔬菜间套;勤通风换气,控制棚室内的温湿度。及时清理病残体,摘除病叶、病果和坐果后残留的花瓣。

抓住移栽前、开花期和果实膨大期三个关键期用药。定植前,苗床用50%腐霉利1 500倍液或50%多菌灵500倍液预防;当第1穗果开花时,在蘸花液中混入0.1%的50%腐霉利或50%扑海因,进行蘸花或涂抹花梗;浇催果水前一天,用甲基托布津1 000倍液或多菌灵500倍液预防;田间发病时可选异菌脲、嘧霉胺+百菌清、腐霉利+百菌清等药剂喷雾防治。

10.根结线虫

根结线虫侵害植株后导致植株矮小、发育不良,严重时生长迟缓,茎空心,下部叶片枯黄,中午气温高时,植株萎蔫,早晚可恢复;在须根和侧根上形成肥肿、畸形的瘤状根结,在根结上的细弱新根再度受害,则形成根结状肿瘤;解剖根结有很小的乳白色线虫埋于其内。

防治方法:清园前随水冲施一次杀线虫药剂,降低土壤中线虫残留数量,随后将植株及根系尽可能都清出棚室;夏季高温时,将土壤深翻30厘米以上,然后浇透水,土表覆盖地膜,棚膜闭封,闷棚15～20天,可杀死土壤中的绝大多数线虫;进行轮作,种植菠菜、小白菜、茴香、小葱和芫荽等短季速生蔬菜,诱集线虫,减少土壤中线虫数量;选用抗根结线虫病品种;实行嫁接栽培;与芦笋等轮作或进行水旱轮作;增施有机肥、生物菌肥;采用有机基质栽培;使用噻唑膦或者路富达灌根。

11.烟粉虱

烟粉虱可传播病毒病;直接刺吸植物汁液可导致植株衰弱;若虫和

成虫分泌蜜露易诱发煤污病,密度高时,叶片呈黑色,严重影响光合作用。烟粉虱寄主广泛,体覆蜡质物,繁殖速度快,世代交叠,传播扩散途径多,易产生抗药性,应采取综合防治措施。

防治方法:换茬时做好田园清洁工作,选择烟粉虱和病毒病未发生的区域集中育苗或采用60目以上防虫网隔离育苗;秋茬番茄可适当延迟移植期,减少幼苗受带毒烟粉虱侵染的机会;育苗地、通风口、缓冲门口可安装60目防虫网,定植棚可覆盖防虫网,悬挂黄板诱杀;可利用天敌进行防治,释放丽蚜小蜂,利用丽蚜小蜂产卵于烟粉虱的若虫和卵内,控制烟粉虱危害。

苗期喷施噻虫嗪等内吸性药剂,移栽前用噻虫嗪灌根,可有效防治前期烟粉虱的发生;移栽后棚内悬挂黄板,一旦发现烟粉虱,立即进行药剂防治。可选择25%噻虫嗪水分散粒剂、25%灭螨猛乳油、50%辛硫磷乳油、10%吡虫啉可湿性粉剂、20%灭扫利乳油、阿维菌素乳油等交替使用。每隔7~10天施药1次,连施3次或4次。

12. 蓟马

及时彻底清除田间残体,集中处理,减少虫源;加强水肥管理,促进植株生长健壮;悬挂粘虫板,悬挂高度不宜高于番茄植株顶部;进行药剂防治时尽量选具有内吸性和杀卵功能的药剂,杀虫和杀卵的药剂复混使用,并注意多种药剂交替使用,避免产生抗药性;根据蓟马昼伏夜出的特性,选在傍晚或晚上打药效果更佳,叶片背面、花、地面是重点防治区域。防治药剂可选用吡虫啉、啶虫脒、乙基多杀菌素、阿维菌素+高效绿氰菊酯等。

13. 蚜虫

选用吡虫啉、啶虫脒等进行药剂防治。

14. 红蜘蛛、茶黄螨

可用螨移或虫螨光等进行防治。

15. 斜纹夜蛾、甜菜夜蛾

用15%茚虫威2 500倍液或20%氯虫苯甲酰胺3 000倍液或60%乙基多杀菌素2 500倍液等喷雾防治。

▶ 第三节　茄子病虫害综合防治技术

茄子的主要病害有黄萎病、绵疫病、褐纹病,主要虫害有地老虎、红蜘蛛、茶黄螨、蚜虫、烟粉虱。

一　病害防治方法

1. 黄萎病

该病属于土传病害。一般在坐果后开始显症,沿叶脉间由外缘向里形成不定型的黄褐色坏死斑,严重时叶缘上卷,仅叶脉两侧呈淡绿色,形如鸡爪,最后焦枯脱落。病叶自下而上或从植株一侧向全株发展,发病初期晴天高温时出现萎蔫症状,早晚尚可恢复,后期变褐死亡。有些发病植株叶片皱缩凋萎,植株严重矮化直至枯死。病株根、茎和叶柄的维管束变成褐色。茄子长年连作、高温下冷水灌溉、土壤干裂或耕作伤根、使用未腐熟的农家肥等会促进发病;雨后天晴闷热时发病严重。

防治方法:选用耐病品种;实行水旱轮作,与葱蒜类蔬菜轮作4年;零星发病时,及时拔除病株;发病初期用12.5%增效多菌灵可湿性粉剂200～300倍液浇灌,每株100毫升,每隔10天浇灌1次,连灌2次或3次。

2.绵疫病

该病属于高温、高湿性病害。主要危害果实,自下而上发展,果面形成黄褐色至暗褐色凹陷斑。潮湿时可发展至整个果面,由棉絮状菌丝包裹成白色,果肉变黑腐烂、脱落。叶部病斑呈圆形或不规则形水渍状,淡褐色至褐色,随后扩展形成轮纹,边缘明显或不明显,有时可见病部长出少量白霉。茎部受害引起腐烂和溢缩。

防治方法:选择抗(耐)病品种;注意田间排水,高垄覆盖地膜;及时摘除病果、病叶,增施磷、钾肥;发病初期喷洒64%杀毒矾可湿性粉剂500倍液,每亩100～120克对水喷雾,连喷2次或3次,每次间隔5～7天。

3.褐纹病

幼苗茎基部发病造成倒苗,但多在成株期发病,下部叶片先受害,出现圆形灰白色至浅褐色病斑,边缘呈深褐色,其上轮生小黑点,有时开裂。茎部发病多位于基部,形成圆形或梭形灰白斑,边缘呈深褐或紫褐色,中央出现灰白凹陷,并生出暗黑色小斑点,严重时皮层脱落露出木质部,植株易折倒。果实发病时出现圆形褐色凹陷斑,生出排列成轮纹状的小黑点。病斑可扩大至整个果实,后期病果落地软腐或在枝干上变成干腐状僵果。高温连阴雨、土壤黏重、栽植过密、偏施氮肥等易导致发病。

防治方法:播种前进行温汤浸种或用50%多菌灵可湿性粉剂拌种;对苗床土进行消毒;雨后及时排除积水,清洁田园;发病初期用58%甲霜灵锰锌可湿性粉剂500倍液喷雾,每隔10天喷1次,连喷2次或3次。

二 虫害防治方法

1.地老虎

主要危害春播蔬菜幼苗,从近地面处咬断茎部造成缺苗断垄。防治方法:早春铲除田间及周围杂草,春耕耙地有灭虫作用;春季可用糖醋酒诱液或黑光灯诱杀成虫;用泡桐叶、莴苣叶诱捕幼虫;在清晨人工捕杀断垄附近土中的幼虫;在幼虫3龄前用2.5%溴氰菊酯乳油3 000倍液等喷雾,用辛硫磷等配成毒土或毒饵进行防治。

2.红蜘蛛

主要种类有朱砂叶螨及截形叶螨,常混合发生。每年发生多代,雌成螨和若螨在干菜叶、草丛或土缝中越冬,春季在杂草或寄主上繁殖,后迁入菜田危害,点片发生。其后靠爬行或吐丝下垂借风雨传播或人为传带,向全田蔓延。成螨、幼螨和若蛾螨群集叶背面吸食汁液,造成叶片发黄或呈锈褐色,枯萎、脱落,缩短结果期。高温、干旱年份或季节危害重。

防治方法:清洁田园,加强水肥管理,增强植株耐害性;在叶螨密度低时,用73%克螨特乳油每亩25～30毫升对水喷雾。

3.茶黄螨

果实受害后变为黄褐色,发生木栓化和龟裂,严重时种子裸露,果实味苦,不能食用。防治方法:用73%克螨特乳油每亩25～30毫升对水喷雾。

4.蚜虫

用抗蚜威、吡虫啉等药剂喷雾毒杀。

5.烟粉虱

用70%啶虫脒每亩2～3克对水喷雾。

第四节　辣椒病虫害综合防治技术

辣椒主要病害有猝倒病、立枯病、疫病、炭疽病、病毒病、软腐病、疮痂病、白粉病、灰霉病、青枯病等,主要虫害有蚜虫、棉铃虫、地老虎、斑潜

蝇、潜叶蝇、小地老虎、烟青虫等。

一 病害防治方法

1.猝倒病和立枯病

选用30%恶霉灵水剂500倍液或72%霜霉威盐酸盐水剂1 000倍液均匀喷雾、灌根。

2.疫病

在辣椒整个生育期均可发生,防治不利会发展成毁灭性病害。做好辣椒疫病的预防工作非常关键,在辣椒疫病刚发生时可以选用70%甲基托布津可湿性粉剂800倍液,或者75%百菌清可湿性粉剂900倍液进行防治,每隔7天用药1次,连续用药3次能够取得很好的效果。

3.炭疽病

最常见且危害较严重的病害,主要危害叶片和果实。发病初期阶段的防治工作非常重要,可以选用80%代森锰锌可湿性粉剂800倍液,也可以选用10%苯醚甲环唑水分散粒剂600倍液,每隔7~10天用药1次,连续用药2次或3次。

4.病毒病

受害病株一般表现出花叶、黄化、畸形等症状。选用20%病毒A可湿性粉剂500倍液或5%氨基寡糖素可湿性粉剂750倍液均匀喷雾。

5.软腐病

属细菌性病害,病部初现水渍状暗绿色斑点,后变成脓疱或圆形的黑色疮痂状病斑。选用72%农用链霉素可溶性粉剂3 000倍液或3%中生菌素可湿性粉剂600倍液均匀喷雾。

6.疮痂病

在发病的初期阶段,可以选用6%春雷霉素可湿性粉剂1 000倍液,或者30%噻唑锌悬浮剂600倍液进行防治,每隔7～10天用药1次,结合辣椒病情连续防治3次或4次,能够取得很好的效果。

7. 白粉病

在发病的初期阶段,可以选用43%吡唑醚菌酯·氟唑菌胺悬浮剂800倍液,每隔7～10天用药1次,连续用药2次或3次。

8. 灰霉病

在发病的初期阶段,用50%异菌脲悬浮剂1 500倍液,或者50%啶酰菌胺水分散粒剂1 000倍液喷雾防治。

9. 青枯病

辣椒一旦感染青枯病很难彻底清除病菌,应该坚持"预防为主,综合防治"的原则,采取科学的轮作倒茬制度,在整地过程中加入石灰或者草木灰等碱性肥料,改善土壤的酸性条件,有效抑制病菌。在出现病害之后,选用78%可杀得可湿性微粉剂600倍液,或者75%农用硫酸链霉素可溶性粉剂3 000倍液均匀喷雾,能够取得很好的防治效果。

10. 日灼病

由阳光直接照射引起的一种生理性病害。辣椒果实病部表皮失水变薄易破,病部易引发炭疽病或被一些腐生菌着生,并长黑霉或腐烂。可以在10:00时喷清水或用硫酸铜溶液1 000倍液喷雾,也可以在15:00用0.1%氯化钙溶液或过磷酸钙浸出液均匀喷雾。

二 虫害防治方法

1. 蚜虫

应将辣椒园内的杂草清理干净,破坏害虫的寄生环境。蚜虫对银灰色比较敏感,利用该特点在辣椒园内覆盖银灰色的地膜,预防效果较好。蚜虫对黄色有一定的趋向性,可以在辣椒园内悬挂黄色的诱虫板。

在出现蚜虫时,可以选择12%高效大功臣可湿性粉剂1200倍液进行防治,也可以选择48%乐斯本乳油1200倍液进行防治,药剂交替轮换使用,每隔7天用药1次,连续用药3次。

2.棉铃虫

棉铃虫通常会在辣椒的开花期、结果期出现,并分布在辣椒的果实、花蕊等部位,对辣椒的花苞构成伤害,导致辣椒植株逐渐泛黄,严重时甚至会导致辣椒腐烂。棉铃虫体表有刺,长而尖。可以选用24%虫螨腈悬浮剂1000倍液或30%茚虫威水分散粒剂2000倍液或5.7%甲维盐水分散粒剂1500倍液均匀喷雾防治。以上药剂皆可根据病情每隔7~10天施用1次,从发病初期开始用药,连续用药2次或3次。

3.地老虎

地老虎属于危害最严重的害虫之一。种植人员要对辣椒植株进行定期检查,如果发现地老虎危害,需要立刻对辣椒喷洒敌百虫;如果其导致辣椒植株病变,要喷洒甲霜·锰锌。

4.斑潜蝇

一是辣椒种植之前,可以采用硫黄燃蒸等物理方法将斑潜蝇有效灭杀。二是在辣椒生长过程中悬挂黄板,黄板悬挂位置距离辣椒约10厘米,以减轻斑潜蝇对辣椒的危害。三是喷洒阿维菌素或甲维盐溶液杀死斑潜蝇,施用时要合理控制用量,避免药物对辣椒产生副作用。

5.潜叶蝇

应该做好预测预报工作,掌握该类害虫的发生规律,在田间安装防虫网或者安放灭蝇纸,每隔3天更换1次,实现对成虫的诱杀。可以释放潜叶蝇的天敌姬小蜂进行防治,以减少对生态环境的破坏。在潜叶蝇大量成虫羽化阶段,可以选择50%潜蝇灵可湿性粉剂2500倍液、75%潜克可湿性粉剂6000倍液,或者10%氯氰菊酯乳油1500倍液进行防治,每隔

7天用药1次，连续用药3次即可。

6.小地老虎和烟青虫

在幼虫3龄前选用2.5%溴氰菊酯乳油3 000倍液或2.5%高效氯氟氰菊酯水乳剂2 000倍液能够防治小地老虎，选用1.8%阿维菌素乳油1 000倍液能够防治烟青虫，做好幼嫩部叶片和叶片背面的虫害防治工作，每隔7～10天用药1次，连续用药3次或4次。

参 考 文 献

[1] 陈辉.基于 ZigBee 与 GPRS 的温室番茄远程智能灌溉系统的研究与实现[D].杭州:浙江大学,2013.

[2] 陈凯,张端喜,徐华晨,等.机栽茄果类蔬菜穴盘育苗技术规程[J].江苏农业科学,2019,47(5):122-124.

[3] 陈鹏,刘童光,江海坤,等.辣椒白色果皮的遗传分析[J].中国蔬菜,2017(7):37-42.

[4] 丁盼盼,江海坤,刘童光,等.辣椒果皮颜色的遗传分析[J].中国蔬菜,2016(12):14-21.

[5] 董言香,江海坤,王艳,等.设施长季节番茄新品种"皖杂15"的选育及栽培技术要点[J].安徽农学通报,2016,22(19):54+57.

[6] 高庆生,杨雅婷,陈永生,等.蔬菜机械化耕地作业技术规范[J].中国蔬菜,2018(7):34-38.

[7] 顾桂兰,张雪平,陈建芳,等.大棚辣椒秋延后双减绿色高效栽培技术[J].北方园艺,2022(18):153-155.

[8] 胡彬,曹金娟,王胤.蔬菜病虫害防治用药指南(四)茄子主要病虫害化学防治技术[J].中国蔬菜,2017,1(3):81-84.

[9] 胡彬,李云龙,孙海.蔬菜病虫害防治用药指南(一)冬季设施番茄病虫害化学防治技术简史[J].中国蔬菜,2016.

[10] 胡海娇,魏庆镇,王五宏,等.茄子浙茄10号的特征特性及栽培技术[J].浙江农业科学,2019,60(11):2039-2041.

[11] 贾利,严从生,江海坤,等.高山越夏茄子设施避雨栽培技术[J].长江蔬菜,2019(4):57-58.

[12] 贾远明,罗云米,黄启中,等.大棚辣椒早熟高效栽培技术[J].辣椒杂志,

2015,13(1):36-37.

[13] 江海坤,王朋成,王艳,等.设施栽培紫色辣椒品种"紫晶1号"的选育[J].安徽农学通报,2017,23(17):50-51.

[14] 江海坤,张太明,方凌,等.皖西大别山地区辣椒越夏避雨栽培技术[J].安徽农学通报,2018,24(21):70+152.

[15] 蒋德峰,戴祖云,洪阳,等.长江中下游地区秋延辣椒栽培技术[J].中国种业,2001(4):23-24.

[16] 孔德男,刘伟."螺丝椒"类型辣椒的栽培现状和主要品种介绍[J].中国蔬菜,2012(17):34-37.

[17] 李东红.高山辣椒设施大棚避雨栽培技术[J].农业技术与装备,2023(3):180-181+184.

[18] 李君明,项朝阳,王孝宣,等."十三五"我国番茄产业现状及展望[J].中国蔬菜,2021(2):13-20.

[19] 李松龄.有机-无机肥料配施对番茄产量及品质的影响[J].北方园艺,2006(3):3-4.

[20] 李宗珍.日光温室越冬茬嫁接辣椒高效栽培技术[J].中国瓜菜,2019,32(2):60-61.

[21] 连勇,刘富中,田时炳,等."十二五"我国茄子遗传育种研究进展[J].中国蔬菜,2017(2):14-22.

[22] 梁宝萍,潘正茂,赵红星,等.温室秋延后辣椒高效栽培技术[J].中国瓜菜,2020,33(8):102-103.

[23] 梁玉芹,杨阳,刘云,等.茄果类蔬菜日光温室智能化育苗关键控制技术[J].蔬菜,2019(1):66-68.

[24] 廖曼玲,刘帅,王蕾,等.设施大棚辣椒冬季高产栽培技术[J].安徽农学通报,2023,29(2):59-61+68.

[25] 廖禹,占建仁,贺捷,等.蔬菜育苗移栽机械的研究与发展[J].南方农机,2020,51(16):30-31.

[26] 刘才宇,朱培蕾,周怀文,等.安徽省设施蔬菜绿色生产技术应用现状与发

展对策[J].中国蔬菜,2023(3):15-21.

[27] 刘丹,崔彦玲,潜宗伟.茄子种业现状及遗传育种研究进展[J].北方园艺,2019(1):165-170.

[28] 刘富中,连勇,陈钰辉,等.圆茄新品种园杂471的选育[J].中国蔬菜,2016,(11):56-58

[29] 刘富中,连勇,陈钰辉,等.长茄新品种长杂8号的选育[J].中国蔬菜,2016,(12):53-55

[30] 刘中良,郑建利,高俊杰.设施茄果类蔬菜病虫害绿色防控技术[J].长江蔬菜,2016(7):52-53.

[31] 秦嘉海,王多成,肖占文,等.茄子有机生态型无土栽培专用肥最佳施用量的研究[J].中国蔬菜,2009(14):49-52.

[32] 任宗君.日光温室番茄栽培技术与病虫害防治探究[J].安徽农学通报,2023,29(9):74-76+89.

[33] 宋健,孙学岩,张铁中,等.开放式茄子采摘机器人设计与试验[J].农业机械学报,2009,40(1):143-147.

[34] 宋钊,余超然,陈潇,等.辣椒高垄深沟水肥一体化高效栽培技术[J].中国蔬菜,2018(12):94-96.

[35] 唐坤宁.樱桃番茄新品种:浙樱粉1号[J].农村新技术,2017(5):39-40.

[36] 王利亚,陈建华,姜国霞,等.辣椒早春保护地栽培病虫害综合防治技术[J].中国瓜菜,2017,30(10):49-50.

[37] 王明霞,方凌,张其安,等.安徽省蔬菜设施类型发展现状与建议[J].安徽农业科学,2016,44(1):310-312.

[38] 王明霞,严从生,江海坤,等.番茄抗根结线虫病基因(Mi)分子标记的评估[J].中国蔬菜,2009(18):21-24.

[39] 王荣青,周国治,叶青静,等.兼抗黄化曲叶病毒病、灰叶斑番茄新品种浙粉712的选育[J].浙江农业科学,2022,63(5):897-898+905.

[40] 王新宇,钟芳,许家玲,等.山地越夏茄子水肥一体化栽培管理技术[J].中国园艺文摘,2017,33(7):172-173.

［41］ 王艳,江海坤,严从生,等.番茄新品种"皖红16"[J].园艺学报,2019,46
　　　（12）:2459-2460.

［42］ 王艳,严从生,王明霞,等.安徽省沿江地区大中棚多层覆盖早熟番茄吊蔓
　　　栽培技术[J].长江蔬菜,2016(16):62-63.

［43］ 吴敏,刘金根,王荣青,等.樱桃番茄浙樱粉1号的特征特性及冬春茬栽培
　　　技术[J].浙江农业科学院,2019,60(5):718-719.

［44］ 邢泽农,辛鑫,刘亚忠,等.我国辣椒产业机械化现状及展望[J].农业科技
　　　通讯,2021(6):229-230+259.

［45］ 闫庚戌,孔庆庆,申彦平.日光温室越冬茬茄子高产高效栽培技术[J].农业
　　　与技术,2020,40(3):76-78.

［46］ 严从生,方凌,张其安,等.白色长茄新品种白茄2号的选育[C]//中国茄子
　　　大会暨学术研讨会论文集.北京:中国园艺学会,2008.

［47］ 严从生,贾利,方凌,等.樱桃番茄新品种"红珍珠"[J].园艺学报,2017,44
　　　（7）:1421-1422.

［48］ 严从生,张其安,方凌,等.无限生长型番茄新品种皖杂18[J].长江蔬菜,
　　　2012(21):19.

［49］ 严德全.设施蔬菜栽培智能化管理平台建设及应用[J].农业工程技术,
　　　2022,42(30):63-65.

［50］ 颜冬云,张民.控释复合肥对番茄生长效应的影响研究[J].植物营养与肥
　　　料学报,2005(1):110-115.

［51］ 杨兆宁.茄果类蔬菜日光温室智能化育苗关键控制技术[J].农业工程技
　　　术,2023,43(2):21-22.

［52］ 虞娜,张玉龙,黄毅,等.温室滴灌施肥条件下水肥耦合对番茄产量影响的
　　　研究[J].土壤通报,2003(3):179-183.

［53］ 张其安.番茄系列品种选育与产业化研究[Z].合肥:安徽省农业科学院园
　　　艺研究所,2009-03-25.

［54］ 张其安,方凌,董言香,等.白茄子新品种"白茄3号"的选育及其应用研究[J].安
　　　徽农业科学,2010,38(24):12991-12992+13000.

［55］张其安,方凌,董言香,等.优质耐贮运番茄新品种皖粉5号的选育［J］.安徽农学通报,2005,11(2):28-29.

［56］张其安,方凌,王朋成,等.蔬菜瓜果生产技术.新型职业农民培训教材［M］.合肥:工业大学出版社,2016.

［57］张瑞合,姬长英,沈明霞,等.计算机视觉技术在番茄收获中的应用［J］.农业机械学报,2001(5):50-52+58.

［58］张忠义,张进文,季希武,等.口感型番茄优质栽培关键技术［J］.中国蔬菜,2018(7):95-97.

［59］赵桂根,张金龙,李绍海.露地辣椒越夏高产栽培技术［J］.安徽农学通报,2017,23(17):56+62.

［60］周明,李常保.我国番茄种业发展现状及展望［J］.蔬菜,2022(5):6-10.

［61］朱海英,王琳,赵家雷.温室大棚番茄秋季栽培技术［J］.安徽农学通报,2008(16):153+164.

［62］朱跃文.设施茄子主要病虫害全程绿色防控技术［J］.现代园艺,2021,44(16):27-28.

［63］诸葛玉平,张玉龙,李爱峰,等.保护地番茄栽培渗灌灌水指标的研究［J］.农业工程学报,2002(2):53-57.

［64］邹学校,胡博文,熊程,等.中国辣椒育种60年回顾与展望［J］.园艺学报,2022,49(10):2099-2118.

［65］邹学校,马艳青,戴雄泽,等.辣椒在中国的传播与产业发展［J］.园艺学报,2020,47(9):1715-1726.